Ralf Grießer | Michael Neub

Sachkundenachweis Motorsäge

Ralf Grießer | Michael Neub

Sachkundenachweis Motorsäge

3., aktualisierte und erweiterte Auflage

334 Farbfotos

Inhalt

Vorwort

Mit jährlich gut 300.000 verkauften Benzin- sowie etwas über 250.000 Akku-Motorsägen steigt in Deutschland die Zahl der Anwender seit geraumer Zeit deutlich an. Während der Markt für Profisägen relativ stabil ist, kommt das Stückzahlwachstum vornehmlich aus dem sogenannten Consumer-Segment. Dahinter verbergen sich zum einen kleinere Privatwaldbesitzer und landwirtschaftliche Betriebe, zum anderen aber eine wachsende Zahl von Garten- und Hauseigentümer sowie Menschen, denen es Freude bereitet, selbst für ihr Brennholz zu sorgen. Das kommt nicht von ungefähr, denn Holz als nachwachsender, klima- und umweltschonender Bau- und Brennstoff liegt voll im Trend und etwas zu Sägen gibt es immer. Und noch ein Aspekt spielt da hinein: Die Motorsäge ist ein emotional behaftetes Werkzeug, das Stärke verkörpert. Ein echter Kerl braucht eine Säge – diese Botschaft geht unter die Haut.

Doch dabei darf nicht vergessen werden: Im Umgang mit der Motorsäge steckt bei einer nicht vorschriftsmäßigen Handhabung ein beträchtliches Gefahren- und Unfallpotenzial. Das gilt für Hobbybenutzer wie für Forstprofis gleichermaßen und betrifft nicht nur das manuelle Beherrschen der Säge und aller anfallenden Wartungsarbeiten. Vielmehr geht es auch darum, mit der Motorsäge die verschiedenen Schnitt- und Fälltechniken richtig, sicher und körperschonend auszuführen sowie das Holz fachgerecht aufzuarbeiten.

Dazu will dieses Buch einen Beitrag leisten. Neben allgemeinen Hinweisen zur Unfallverhütung bei der Waldarbeit steht die Motorsäge, ihre Handhabung und Wartung sowie die Holzernte im Mittelpunkt. Die Idee für diesen Ratgeber entstand aus der langjährigen Zusammenarbeit von Forstwirtschaftsmeister Ralf Grießer und Dipl.-Ing. agr. Michael Neub von der AR Agrar-Redaktion GmbH, Stuttgart, für die vom Verlag Eugen Ulmer verlegte Zeitschrift BWagrar. Ralf Grießer ist bei ForstBW (AöR) im Forstbezirk Altdorfer Wald für Ausbildung und Schulung zuständig; Michael Neub betreute als Redakteur bei BWagrar das Fachgebiet Waldbau.

Ralf Grießer, Michael Neub
Ravensburg, im Frühjahr 2022

1 Waldarbeit ist gefährlich

Haben Sie sich schon einmal Gedanken gemacht, warum bei der Waldarbeit alljährlich so viele Unfälle passieren? Wenn nicht, sollten Sie dieses einmal in Ruhe tun, denn wer die Gefahren kennt, kann sich dagegen wappnen.

In den einschlägigen Unfallverhütungsvorschriften zählen zu den gefährlichen Arbeiten:

- Arbeiten mit der Motorsäge (Fällen, Entasten, ...),
- Aufarbeiten von gebrochenem und geworfenem Holz (Sturmholz, Schneebruch, ...),
- Zufallbringen von hängengebliebenen Bäumen, zum Beispiel mit der Seilwinde oder dem Wendehaken,
- Holzrücken mit einer Funkseilwinde,
- Besteigen von Bäumen zum Anbringen von Seilen (Fällung mit Unterstützung der Seilwinde),
- Besteigung von Bäumen zur Wertästung und zur Samengewinnung und der
- Umgang mit gefährlichen Arbeitsstoffen, dazu gehört das Betanken der Motorsäge mit Kraftstoff.

Ein weiterer Punkt ist die körperliche Belastung durch das Gewicht der persönlichen Schutzausrüstung, der Motorsäge und dem mitgeführten Holzerntewerkzeug. Zur körperlichen Belastung zählen auch noch der Lärm und die Abgase der Motorsäge.

Witterungseinflüsse spielen ebenfalls eine Rolle: Je nach Jahreszeit wechseln sich Hitze, Kälte, Nebel, Frost, Regen, Wind und Schnee ab. Das heißt, der Waldarbeiter muss sich auf alle Witterungseinflüsse einstellen können. Dies betrifft sowohl die Kleidung als auch Arbeitsprozesse wie die Fällung. Hier kann sich beispielsweise durch die Witterungseinflüsse das Kronengewicht erhöhen (Schnee, Raureif). Die Beobachtung des Kronenraumes kann erschwert sein und die Krone bietet dem Wind eine große Angriffsfläche.

Bei der Fällung werden große Kräfte freigesetzt. Dies gilt vor allem für Bäume, die unter Spannung stehen (Vorhänger, Sturmholz). Diese können blitzschnell große Kräfte entwickeln.

Zuletzt darf auch die Gefährdung Dritter nicht unterschätzt werden, denn der Wald ist für die Allgemeinheit offen. Sie müssen also immer mit Personen rechnen, die den Wald ganzjährig zur Erholung (Wanderer, Radfahrer) und zum Sport (Jogger, Walker, Reiter) nutzen. Außerdem gibt es Waldkindergärten und Erholungseinrichtungen. Von Juni bis Oktober werden Waldfrüchte wie Beeren und Pilze gesammelt und von Oktober bis Dezember Zierreisig.

Wenn Sie diese Punkte zusammennehmen, stellen Sie fest, dass sowohl der Motorsägenführer als auch Personen, die sich in seiner Umgebung aufhalten, direkt von Gefahren bedroht sind.

2 Sicheres Arbeiten

Bei der Waldarbeit sind grundsätzliche Sicherheitsmaßnahmen zu beachten.

2.1 Sicherheitseinrichtungen der Motorsäge

Die Sicherheitseinrichtungen an der Motorsäge schützen den Benutzer vor Gefahren. Nachfolgend werden die wichtigsten Sicherheitseinrichtungen beschrieben.

- Der vordere Handschutz schützt die linke Hand vor heraufschlagenden Ästen und dem Abrutschen in die Schneidegarnitur (Abb. 1).
- Die Kettenbremse ist mit dem vorderen Handschutz verbunden. Sie wird durch einen starken Rückschlag (Kick-back) durch das Massenträgheitsprinzip oder durch Abrutschen mit der linken Hand beziehungsweise durch manuelles Betätigen des vorderen Handschutzes eingelegt (Abb. 2).
- Der hintere Handschutz schützt die rechte Hand vor Verletzungen durch heraufschlagende Äste

Abb. 1. Vorderer Handschutz.

Abb. 2. Kettenbremse. Kettenbremssysteme wie QuickStop Super oder TrioBrake stoppen die Kette bei falscher Bedienung der Säge oder beim Loslassen des hinteren Handgriffes.

Abb. 3. Hinterer Handschutz.

Abb. 4. Ein-/Ausschalter (Kurzschlussschalter).

und beim Herabspringen der Kette (Abb. 3).

- Der Ein-/Ausschalter ist nach dem Gerätesicherheitsgesetz vorgeschrieben, um die Motorsäge gefahrenlos auszuschalten (Abb. 4).
- Von einer Sicherheitskette spricht man, wenn an der Motorsägenkette das Treibglied/Verbindungsglied oder der Tiefenbegrenzer eine spezielle Form haben. Durch dessen rampenartige Ausformung zum Zahndach wird der Rückschlag der Kette minimiert (Abb. 5).
- Der Kettenschutz/Transportschutz verhindert das Berühren der Kette mit der Hand (Verletzungsgefahr) und gewährleistet, dass die Motorsägenkette beim Transport scharf bleibt (Abb. 6).
- Der Kettenfangbolzen sorgt dafür, dass die Kette bei Bruch oder beim Herunterspringen von der Schiene im Flug zusammenbricht und nicht mit voller Wucht zum hinteren Handschutz schlägt (Abb. 7).
- Die Gashebelsperre verhindert ein unbeabsichtigtes Gas geben durch Äste (Abb. 8).
- Das Anti-Vibrationssystem mindert am vorderen und hinteren Handgriff die Vibrationen, die von Motor und Kette erzeugt werden (Abb. 9). Durch Vibrationen werden die Blutgefäße in den Fingerspitzen zerstört, die Durchblutung eingeschränkt und es kommt zu kalten Fingern. Bei den Waldarbeitern kann dies zu der sogenannten Weißfingerkrankheit führen, einer anerkannten Berufskrankheit.

Abb. 5. Sicherheitskette.

Abb. 6. Kettenschutz.

Abb. 7. Kettenfangbolzen.

Abb. 8. Gashebelsperre.

Abb. 9. Antivibrationssystem: Die Baugruppen der Säge sind über Dämpfungselemente miteinander verbunden.

Abb. 10. Schalter Griffheizung.

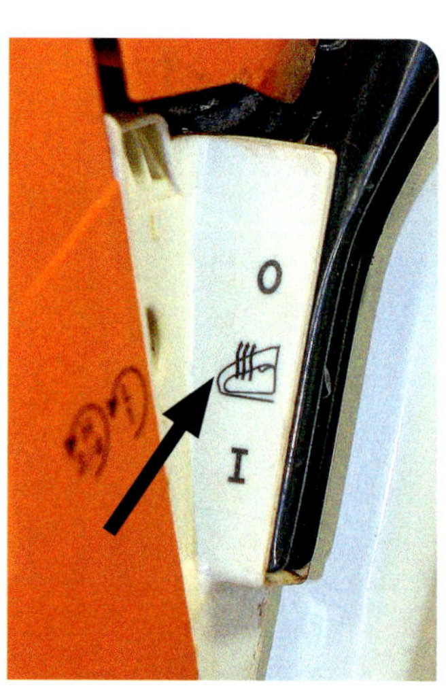

Abb. 11. Keine Waldarbeit ohne Schutzausrüstung.

- Die für Profisägen erhältliche Griffheizung ist zuschaltbar und befindet sich am vorderen und hinteren Handgriff. Sie erhöht bei kalten Temperaturen die Griffsicherheit und beugt der Weißfingerkrankheit vor (Abb. 10), ist aber keine Sicherheitseinrichtung nach den Unfallverhütungsvorschriften.

2.2 Die persönliche Schutzausrüstung (PSA)

Bei Arbeiten mit der Motorsäge sowie bei Forstarbeiten muss die sogenannte persönliche Schutzausrüstung (PSA) getragen werden. Sie bietet ein hohes Maß an passiver Sicherheit und besteht nach der Unfallverhütungsvorschrift im Wesentlichen aus fünf Teilen: Schutzhelmkombination, Arbeitsjacke, Schnittschutzhose, Schnittschutzschuhen und Handschuhen (Abb. 11).

Jedes Teil hat andere Anforderungen und zusätzlich zum CE-Zeichen gibt es z. B. das GS-, KWF- oder ET-Prüfzeichen. Nachfolgend werden die einzelnen Teile der Schutzausrüstung kurz beschrieben.

2.2.1 Die Schutzhelmkombination

Die Schutzhelmkombination erfüllt gleich mehrere Funktionen. Sie schützt den Kopf vor Stößen und herabfallenden Ästen, das Gesicht vor zurückschlagenden Ästen, Sägespänen und Splitter. Der Gehörschutz verhindert bleibende Hörschäden. Eine Schutzhelmkombination mit Gesichts- und Gehörschutz und integrierter Schutzbrille in verschiedenen Tönungen der Firmen Peltor und Pfanner zeigt Abb. 13.

Die wichtigsten Prüfzeichen

Achten Sie beim Kauf auf Eignung, Tragekomfort, Schutzwirkung und Preis. Das Preis-Leistungs-Verhältnis sollte für Sie stimmen. Die PSA muss den aktuellen europäischen Vorschriften entsprechen und die Prüfzeichen müssen deutlich sichtbar am Produkt sein. Forsttechnische Arbeitsmittel, die das Kuratorium für Waldarbeit und Forsttechnik (KWF) umfassend geprüft hat, werden mit dem Prüfzeichen „KWF-Gebrauchswert“ ausgezeichnet. Es garantiert, dass die Produkte allen Anforderungen nach dem Stand der Technik entsprechen. Dazu gehören Wirtschaftlichkeit und die Standards der Arbeitssicherheit, Ergonomie und Umweltverträglichkeit. Es gibt drei Kategorien: Das Prüfzeichen „KWF-Profi“ ersetzt das bisherige FPA-Zeichen (FPA = Forsttechnischer Prüfungsausschuss des KWF), ist inhaltlich aber identisch. Am Prüfzeichen „KWF-Standard“ kann sich der Gelegenheitsnutzer – beispielsweise ein Brennholzselbstwerber – auf geprüfte Sicherheit in einem für seine Zwecke ausreichenden Preissegment verlassen. Mit dem Prüfzeichen „KWF-Test“ werden Produkte ausgezeichnet, bei denen einzelne technische Merkmale erfolgreich geprüft wurden. Das geprüfte Merkmal wird benannt.
Mit dem CE-Zeichen versichert der Hersteller beziehungsweise Importeur, die Grundanforderungen der europäischen Richtlinien für PSA einzuhalten. Hat eine zertifizierte Prüfstelle die Einhaltung der Sicherheitsanforderungen geprüft, kann das ET-Zeichen, das GS-Zeichen angebracht werden (Abb. 12).

Abb. 13. Schutzhelmkombinationen mit integrierter Brille.

Die Helmschale muss in Signalfarbe sein, hat ab Herstellerdatum eine Tragedauer von fünf Jahren und muss mit der Prüfnummer (EN 397 Industrieschutzhelme + Anhang B „Künstliche Alterung“) versehen sein. Wenn die Helmschale beschädigt ist oder beim Zusammendrücken knistert, darf sie nicht mehr benutzt werden. Sie darf keiner großen Hitze ausgesetzt werden. Als weiterer Faktor, der zur Materialermüdung beiträgt, darf die Sonneneinstrahlung nicht außer Acht gelassen werden.

Dank einer Entwicklung der Firma Peltor kann exakt bestimmt werden, wann ein Helm aufgrund von UV-Einstrahlung sein Lebensende erreicht hat. Der sogenannte Uvicator ist eine in dem Helm integrierte Anzeige (Abb. 14), die zu Beginn mit einem kräftigen Rot ausgefüllt ist und im Laufe der Zeit,

Abb. 12. Prüfzeichen.

Abb. 14. Ein UV-Sensor im Peltor-Helm zeigt die Alterung des Materials.

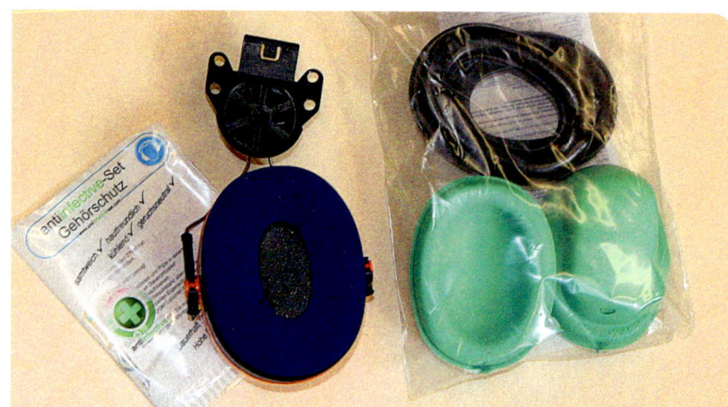

Abb. 15. Hygienesatz zum Auswechseln.

während der Helm dem Sonnenlicht ausgesetzt ist, verblasst. Ist der Uvicator komplett weiß, muss der Schutzhelm ausgetauscht werden.

Auf der Helmschale sollten keine Aufkleber angebracht werden. Sie können die Helmschale von Zeit zu Zeit mit Spülwasser reinigen und das Schweißband je nach Verschmutzungsgrad auswechseln. Die Schweißbänder gibt es aus Leder, Kunststoff oder in der Ausführung als antiinfektives Schweißband.

Der Gehörschutz muss die Prüfnummer EN 352-3 haben, damit er für den Lärmpegel der Motorsäge geeignet ist. Je nach Bedarf, Verschmutzungsgrad oder Beschädigung der Dämmkissen sollten Sie den Hygienesatz auswechseln (Abb. 15). Auch die Pads für den Gehörschutz gibt es mit einer antiinfektiven Ausrüstung. Diese ist allergiegetestet und mit einer Oberfläche ausgestattet, die hautsympathisch ist und sich angenehm anfühlt. Ein weiterer Vorteil ist, dass sie Schweiß aufsaugt und gleichzeitig sehr schnell trocknet, einen kühlenden Effekt hat und den Geruch vermindert.

Der Gesichtsschutz muss die Prüfnummern EN 1731 und EN 166 haben und bei Beschädigung ausgewechselt werden. Er wird in vielen Varianten angeboten, beispielsweise aus Netzgitter, Plexiglas, Blechgitter, mit verschiedenen Sichtfeldern.

Die Unfallkassen haben abweichend zu den Herstellerangaben eine Tragedauer von vier Jahren (UKBW) und 3500 Betriebsstunden (SVLFG) angesetzt.

2.2.2 Die Arbeitsjacke mit Warnfunktion

Die Arbeitsjacke erfüllt viele Anforderungen bei der Waldarbeit. Sie muss der Witterung standhalten und dient als Warnjacke. Achten Sie daher auf folgende Merkmale:

- im Brust- beziehungsweise Rückenbereich mindestens zu einem Drittel Signalfarbpartien (RAL) (Abb. 16).
- Lüftungsöffnungen im Schulter-, Brust- und Achselbereich (Abb. 17),
- verstellbare Ärmelbundabschlüsse,
- verdeckter Reißverschluss,
- komfortabler Schnitt mit verlängertem Rückenteil für eine gute Passform und Beweglichkeit,
- Erste-Hilfe-Taschen (meist innenliegend) und
- genügend und gut platzierte Taschen.

Abb. 16. Arbeitsjacke mit mindestens einem Drittel Signalfarbpartien und Lüftungsöffnung im Rückenbereich.

Abb. 17. Arbeitsjacke mit Lüftungsöffnung im Achselbereich und verdecktem Reißverschluss.

2.2.3 Die Schutzhandschuhe

Die Schutzhandschuhe haben die EU-Norm EN 388 und das sogenannte Hammerpiktogramm. Unter diesem befindet sich eine Zahlenreihe. Die erste Zahl steht für die Abriebfestigkeit, die zweite Zahl für Schnittfestigkeit, die dritte Zahl für Weiterreißkraft und die vierte Zahl für die Durchstichkraft. Je höher die einzelnen Zahlen, desto besser ist der Handschuh. Er soll die Hand vor Schmutz, Schnitt- und Stichverletzungen, Nässe, Kälte, Schwingungen und gefährlichen Arbeitsstoffen schützen (Abb. 18).

2.2.4 Die Schnittschutzhose

Bei den Schnittschutzhosen wurden in den vergangenen Jahren viele innovative Produkte entwickelt (Abb. 19). Jeder Träger findet entsprechend seinen Anforderungen an Beweglichkeit, Passform, Farbe und Preis die passende Hose. Was aber alle Schnittschutzhosen aufweisen müssen, ist die Prüfnummer EN 381-5 Typ A und das Schnittschutzpiktogramm mit der Schutzklasse 1 (Abb. 20). Dieses garantiert, dass der Schnittschutz bei einer Kettengeschwindigkeit von bis zu 20 m/s (auslaufende Kette) nicht durchtrennt wird.

Die Hose sollte dem Benutzer in Größe und Länge passen, darf also keine „Hochwasserhose“ sein. Da jeder Hersteller andere Stoffe verwendet, müssen Sie unbedingt die Pflege- und Waschanleitung

Abb. 18. Handschuhe gibt es in verschiedenen Ausführungen, aus Leder mit Klettverschluss, bis zum Unterarm aus Leder gearbeitet, mit wasserabweisendem Handrücken und Strickbund und als Winterhandschuh, der ganz gefüttert ist.

Abb. 19. Schnittschutzhosen der Firmen (v. l.): Husqvarna mit Vier-Wege-Stretchmaterial, Knieverstärkung und Belüftung an der Rückseite. Stihl mit atmungsaktivem Oberstoff, perfekte Passform, Meterstabtasche mit Motorsägenpiktogramm. Pfanner mit robustem, wasserdichtem Oberstoff, elastische Hightech-Stoffe auf der Rückseite und integrierte Gamasche als Zeckenschutz.

beachten. Die Hosen müssen nach dem Waschen gestreckt werden und hängend trocknen. Leider gibt es derzeit noch keine Hose, die für den Trockner geeignet ist.

Die Schnittschutzeinlage beginnt 5,0 cm oberhalb vom Hosensaum und reicht bis in die Leistenbeuge, deckt das Bein im vorderen Bereich komplett ab (180 Grad) und geht an beiden Beiden jeweils auf der linken Seite 5,0 cm nach hinten.

Abb. 20. Das Schnittschutzpiktogramm muss deutlich sichtbar am Schuh angebracht sein.

2.2.5 Die Schnittschutzschuhe

Auch die Grundanforderungen der Schnittschutzschuhe haben sich geändert. Das Schnittschutzpiktogramm muss deutlich sichtbar am Schuh sein (Abb. 20). Im gesamten Vorderschuhbereich brauchen Sie eine Schnittschutzeinlage nach EN 381-3.

Außerdem sollten Sie auf Folgendes achten:

- Zehenschutzkappe Klasse 200 J,
- griffige Sohle mit mindestens 6,0 mm Profiltiefe, Profil im Steg und
- Schafthöhe mindestens 19,5 cm.

Machen Sie die Schuhauswahl auch von Gelände und Bewuchs abhängig. Die Schnittschutzschuhe werden nach einfachen, mittleren und schwierigen Geländeverhältnissen eingeteilt (Abb. 21). Verwenden Sie geeignete Pflegemittel, trocknen Sie ihre Schuhe nicht auf der Heizung und überfetten Sie sie nicht.

Abb. 21. v. l. Forstschnittschutzschuhe Alpin Aqua Stop mit Gore-Tex-Futter und Waterproof-Oberleder für mittlere Verhältnisse und Forstschnittschutzschuh Klima-Air aus Juchtenleder mit Aluminiumkappe und Klima-Air-Distanzgewebe. Der zusätzliche Klappgriff dient dem sicheren Gehen auf schwierigem Untergrund (Steilhang, Eis, Schnee, ...).

3 Tipps zum Sägenkauf

Motorleistung, Schnittlänge der Schneidgarnitur und das Gewicht beeinflussen die Eignung einer Motorsäge für bestimmte Arbeiten. Dies gilt besonders für den professionellen Anwender. Dieser verwendet je nach Arbeitsanfall (Fällen, Entasten, Jungbestandspflege, ...) eine andere Säge, denn mit einer Universalsäge gehen Sie immer Kompromisse ein. Wird die Motorsäge nur sehr unregelmäßig und wenige Stunden im Jahr eingesetzt, ist eine Halbprofi- oder Hobbysäge aber eine vernünftige Wahl.

3.1 Drei Leistungsklassen

Die Motorsägen werden in drei Leistungsklassen eingeteilt. Dabei bezeichnen die Hersteller die Motorsägen oft anders als der Anwender.

- Hobbysägen oder Motorsägen für Privatanwender sind geeignet für die Brennholzaufarbeitung, zum Fällen von schwachen Bäumen und zur Heckenpflege. Sie haben je nach Typ und Hersteller etwa 1,5 bis 3,0 PS, eine Schnittlänge von 30 bis 40 cm und ein Gewicht von etwa 4,0 bis 5,2 kg.
- Halbprofisägen oder Motorsägen für die Landwirtschaft und den Gartenbau (Universalsägen) sind geeignet für die Fällung bis zu mittelstarkem Nadel- und Laubholz, für Entastungsarbeiten bis zu starkem Nadel- und Laubholz, für das Einschneiden von Brennholz sowie für die Gehölz- und Jungbestandspflege. Diese Sägen haben je nach Typ und Hersteller etwa 3,5 bis 4,5 PS, eine Schnittlänge von 37 bis 45 cm und ein Gewicht von 5,6 bis 6,4 kg.
- Profisägen oder Motorsägen für die Forstwirtschaft sind geeignet für alle Arbeiten, die in der Forstwirtschaft anfallen. Sie haben je nach Typ und Hersteller etwa 2,3 bis 8,7 PS, eine Schnittlänge von 30 bis 75 cm und darüber hinaus. Klassische Fällsägen gehen bis etwa 10,0 kg Gewicht, haben bis rund 9,0 PS Motorenleistung und eine Schnittlänge von 50 cm und mehr. Das Einsatzgebiet ist die Fällung und das Einschneiden von starkem Nadel- und Laubholz.

Die Angaben beim Gewicht sind immer ohne Schneideeinrichtung, ohne Kraftstoff und ohne Kettenschmieröl.

Die Motorsägen der drei Leistungsbereiche unterscheiden sich hinsichtlich der Ausstattung, der Wertigkeit der Baukomponenten (Lager, Kurbelwelle, Pleuel, Zylinder, ...), in der Vielzahl der Modelle und natürlich im Kaufpreis. Mit der Ausstattung sind nicht die Sicherheitseinrichtungen (siehe Kap. 2.1) gemeint. Über diese müssen alle Motorsägen verfügen, ganz gleich, für welchen Einsatzzweck sie vorgesehen sind.

Moderne Profisägen verfügen heute vielfach über ein vollelektronisches Motormanagement, etwa um AutoTune oder M-Tronic. Diese Elektronik erfasst mittels Sensoren die aktuellen Betriebsbedingungen wie die Temperatur, Höhenlage und die Kraftstoffqualität und optimiert so die Motorsteuerung. Ein manuelles Einstellen des Vergasers erübrigt sich damit. Dies gilt auch für die neuesten Entwicklungen der Direkteinspritzungstechnik, wie sie beispielsweise Stihl mit der MS 500i ein den Markt eingeführt hat.

3.2 Unter Strom

Neben den Benzin-Motorsägen werden auch kabelgebundene Kettensägen mit Elektroantrieb im Leistungsbereich von zirka 1,9 bis 2,9 PS angeboten. Sie werden in geschlossen Räumen und in Wohngebieten eingesetzt, wo Motorsägen nicht erlaubt sind. Der Vorteil von Elektrokettensägen ist, dass sie keine Abgase ausstoßen und die Lärmbelastung geringer ist als bei Motorsägen. Beim Kauf sollten Sie darauf achten, dass die Kettenbremse nicht nur durch Rückschlag, sondern auch beim Loslassen des hinteren Handgriffs ausgelöst wird. Für den Einsatz einer Elektrokettensäge brauchen Sie nur einen Stromanschluss.

Seit gut zehn Jahren werden von Herstellern wie Black & Decker, Gardena, Bosch, Dolmar, Makita, Stihl, Husqvarna und anderen auch akkubetriebene Kettensägen angeboten. Sie bieten neben den oben erwähnten Vorzügen des Elektroantriebes dank modernster Akku-Technologie (36 Volt) noch jede Menge Bewegungsfreiheit beim Einsatz. Die Sägen sind alternative und ideale Helfer beim Brennholzsägen, in der Grundstückspflege, dem Gartenbau, in geschlossenen Räumen und in Wohngebieten. Sie eignen sich für einen Holzdurchmesser bis etwa

Abb. 22. Akku-Motorsägen gibt es vom Einsteigermodell bis zur Profiklasse.

20 cm. Die Leistung ist davon abhängig, welcher Akku verwendet wird. Die Schnittleistung hängt aber auch maßgeblich von der Kettengeschwindigkeit ab. Vereinfacht gilt: Je höher diese ist, umso besser fällt die Schnittleistung aus. Preislich liegen die Akku-Geräte in etwa auf dem Niveau der Benzin-Motorsägen (Abb. 22).

Bei den Akku-Motorsägen gibt es wie bei den Benzin-Motorsägen für jeden Einsatzbereich das passende Akku-Gerät. Dabei ist die Auswahl nicht

Abb. 23. Akkus gibt es in allen Leistungsklassen..

so groß wie bei den Motorsägen. Hier geht das Einsatzspektrum vom gelegentlichen privaten bis hin zum anspruchsvollen professionellen Einsatz. Das heißt, ob Privatanwender, Landschaftspfleger, Bauunternehmer, Schreiner, Forstwirt oder Baumpfleger: Jeder findet für sich die passende Akku-Motorsäge. Je nach Einsatzbereich gibt es zur Motorsäge die passenden Akkus und Ladegeräte dazu.

Bei den Akku-Motorsägen kommen kleinere Kettenteilungen zum Einsatz als bei herkömmlichen Motorsägen. So haben diese besonders schmale und damit kraft- und stromsparende Sägeketten, was der Schnittleistung zugutekommt. Die Kettengeschwindigkeit beträgt je nach Modell durch die kleinere Kettenteilung bis zu 24 m/s. Das entspricht in etwa dem Niveau der benzingetriebenen Motorsägen.

Bei den Akku-Geräten ist es auch wichtig, bei welcher Witterung Sie diese einsetzen wollen und können. So haben die Hersteller für den Einsatz bei widrigen Witterungsverhältnissen Akku-Motorsägen im Angebot, die den IPX4-Standard erfüllen. Nach einem Einsatz bei widrigen Witterungsverhältnissen sollten Sie auf jeden Fall den Akku und die Motorsäge mit einem Tuch abtrocknen. Weitere Information finden Sie in den Bedienungsanleitungen der jeweiligen Hersteller.

Je leistungsstärker der Akku ist, umso mehr kostet und wiegt dieser (Abb. 23). Dafür können Sie damit aber auch länger arbeiten. Die Akkus verfügen über ein LED-Display, das Ihnen den Ladezu-

Abb. 24. Je nach Ladegerät (v. l. Mehrfachladegerät, luftgekühltes Schnellladegerät, Standardladegerät) dauert der Ladevorgang unterschiedlich lang.

stand anzeigt. Oft können die Akkus auch geräteübergreifend verwendet werden.

Bei den Akku-Ladegeräten gibt es verschiedene Versionen: das Standardladegerät, das Schnellladegerät und das Mehrfachladegerät. Diese unterscheiden sich in der Leistungsaufnahme, der Ladezeit und ob eine aktive Kühlung im Ladegerät integriert ist (Abb. 24).

Die Ladezeit beim Standardladegerät von Husqvarna beträgt zum Beispiel bei dem Akku-Typ BLI 30 für eine 100 Prozent Ladung drei Stunden und 35 Minuten. Wird stattdessen das Schnellladegerät QC 330 verwendet, ist der Akku BLI 30 in einer Stunde und fünf Minuten zu 100 Prozent geladen.

Das optimale Aufladen erfolgt bei einer Akku-Temperatur von +5 bis +40 °C. Die Akkus der Firma Stihl besitzen zum Beispiel ein Batterie-Management-System, das den Ladevorgang überwacht. Dadurch kommt es zu keiner Überhitzung beim Laden, denn ein Sensor überwacht die Temperatur im Inneren des Akkus und unterbricht den Ladevorgang, sobald diese zu hoch ist. Die Ladegeräte sollten Sie nur in trockenen Räumen verwenden.

Bei der Einlagerung der Akkus sind trockene, frostfreie und nicht zu heiße Orte zu empfehlen, in denen die Temperatur nicht unter -10 und nicht über +50 °C liegen. Werden die Akkus längere Zeit nicht verwendet, sollte der Ladezustand so sein, dass mindestens zwei LED am Akku leuchten.

Beim Transport sollte auf jeden Fall der Akku aus dem Gerät entfernt und in einer Transportbox verwahrt werden, damit dieser nicht beschädigt wird. Es ist auch sinnvoll, einen Behälter mit einem mit Quarzsand gefüllten Plastikbeutel mitzuführen. Darin kann ein beschädigter Akku transportiert und dann fachgerecht entsorgt werden. Zur sicheren Aufbewahrung und zum Transport bieten die Firmen verschiedene Systeme an (Abb. 25).

Alle Akku-Geräte können in Bereichen eingesetzt werden, in denen motorbetriebene Geräte nicht erwünscht sind. Sie sind auch oft für den Anwender ohne Gehörschutz zu bedienen. Der Bediener ist auch nicht den Abgasen ausgesetzt, die ein Verbrennungsmotor abgibt.

Die schwierigste Entscheidung beim Kauf eines Akku-Gerätes ist die Wahl des Herstellers. Dabei sollten Sie nicht nur das aktuelle Akku-Gerät im Blick haben, sondern auch an weitere Akku-Geräte, die Sie vielleicht in nächster Zeit kaufen wollen, denken. So können die beschafften Akkus problemlos geräteübergreifend genutzt werden.

3.3 Auf den Fachhandel setzen

Achten Sie beim Kauf darauf, dass Ihr beratender und Service gebender Fachhändler nicht zu weit von Ihrem Wohnort entfernt ist, die Motorsägen selbst und vor Ort reparieren kann und einen kompetenten Eindruck hinterlässt. Bei den meisten Käufern spielt der Preis die entscheidende Rolle und zum Schluss erst der Einsatzbereich. In der Praxis

stellt man dann aber häufig fest, dass die Schnittlänge und die Motorenleistung nicht ausreichend sind für das aufzuarbeitende Holz. Daher sollte sich der Privatanwender zuerst beim Holzverkäufer (Forstamt, Forstrevier) erkundigen, in welcher Form er sein Brennholz kaufen kann. Dabei spielt auch die Holzart (Laubholz, Nadelholz – Hartholz oder Weichholz) eine Rolle. In der Regel wird das Brennholz aus einem Reisschlag gewonnen. Der Reisschlag besteht aus Ästen, Kronen und nicht verwertbaren Stammstücken. Eine weitere Möglichkeit ist das Industrieholz lang, das an der Waldstraße gepoltert ist und zur Brennholzaufarbeitung verkauft wird.

Abb. 25. Beim Transport sollten Akkus aus dem Gerät entfernt und in einer Transportbox verwahrt werden.

4 Erste Schritte

Vor der Inbetriebnahme der Motorsäge sollte diese überprüft sowie mit ausreichend Kraft- und Schmierstoffen befüllt werden.

4.1 Sicherheits-Check für die Motorsäge

Die Motorsäge sollte vor jedem Einsatz gründlich kontrolliert werden. Prüfen Sie als erstes die Funktion der Kettenbremse. Dazu Vollgas geben und dann durch Vordrücken des vorderen Handschutzes die Kettenbremse einlegen. Jetzt sollte die Kette sofort zum Stillstand kommen. Ist dies nicht der Fall, müssen Sie unbedingt eine Fachwerkstatt aufsuchen, da die Unfallgefahr sonst viel zu hoch ist.

Läuft bei der Motorsäge im Standgas die Kette mit oder geht die Säge aus, so können Sie über die Leerlaufdrehzahl beziehungsweise die Leerlaufanschlagschraube das Standgas verstellen. Dies kann je nach Hersteller die T oder TA-Schraube sein. Angaben dazu finden Sie in der Betriebsanleitung Ihrer Säge.

Nun überprüfen Sie die Gashebelsperre auf Funktion. Ungewolltes Gas geben darf nicht möglich sein.

Das Antivibrationssystem funktioniert über Gummipuffer oder Federn. Beide Dämpfungselemente können sich mit der Zeit abnutzen. Die Gummipuffer können abgerissen oder spröde, die Federn gebrochen sein. Somit geht die Wirkung verloren und die Vibrationen übertragen sich auf die Hände. Dies kann zur sogenannten Weißfingerkrankheit führen. Defekte Gummipuffer oder Federn müssen in diesem Fall rasch ersetzt werden (siehe Kap. 5.5).

Ob der Vergaser richtig eingestellt ist, kann man an der Farbe der Zündkerze erkennen: rehbraun – optimale Einstellung, rußig/ölig – zu niedrige Drehzahl, Gemisch zu fett, hellgrau – zu hohe Drehzahl, Gemisch zu mager (Abb. 26). Der Vergaser sollte, wie in der Betriebsanleitung beschrieben, eingestellt werden. Dies kann aber nicht nach Gehör und Gefühl geschehen, sondern nur mit einem Drehzahlmesser. Deshalb ist der Gang zum Fachhändler ratsam.

Abb. 26. Rehbraun – optimale Einstellung, rußig/ölig – zu niedrige Drehzahl, Gemisch zu fett, hellgrau – zu hohe Drehzahl, Gemisch zu mager.

Inzwischen werden aber auch Motorsägen angeboten, die über eine vollelektronische Zündzeitpunktregelung und Kraftstoffdosierung sowie über ein Motormanagement verfügen (M-Tronic oder AutoTune). Diese Regelvorgänge sorgen in jedem Betriebszustand für stets optimale Motorleistung, konstante Höchstdrehzahl und sehr gutes Beschleunigungsverhalten. Die Systeme kompensieren sogar wechselnde Kraftstoffqualitäten, Höhen- und Luftfeuchtigkeitsunterschiede, Temperaturschwankungen und zugesetzte Luftfilter.

Das Abstellen des Motors erfolgt über den Kurzschlussschalter. Dabei kann es, insbesondere bei älteren Sägen, vorkommen, dass der Schalter infolge der starken Vibrationen nicht mehr funktioniert und sich die Motorsäge so nicht mehr ausschalten lässt. In diesem Falle müssen Sie die Maschine durch Betätigen des Chokes ausmachen. Dabei läuft die Kette noch kurzzeitig mit, was die Unfallgefahr erhöht. Sie sollten daher eine Fachwerkstatt aufsuchen. Als letztes sollten Sie noch prüfen, ob alle Schrauben fest sitzen und die Kettenspannung stimmt (siehe Kap. 5 und Kap. 5.2).

4.2 Kraftstoff und Kettenöl

Im Hinblick auf den Gesundheits- und Umweltschutz sollten Sie einen Umstieg von Normalbenzin auf Alkylatbenzin (Sonderkraftstoff) anstreben. Die für Mensch und Umwelt gefährlichen Stoffe Benzol, Aromate, Olefine und Schwefel sind darin fast nicht mehr vorhanden. Diesen Treibstoff gibt es bei jedem Fachhändler (Stihl, Husqvarna und Dolmar). Auch bieten die Firmen Stihl, Husqvarna und Dolmar Motorsägen an, die die zukünftige Abgasnorm EU II erfüllen (Stihl mit Zwei-Mix-Motoren und Husqvarna mit X-Torq-Motoren). Dabei sind Spülverluste und Kraftstoffverbrauch deutlich reduziert.

Der Sägenkraftstoff wird als Mischung von Spezialöl des Herstellers und bleifreiem Benzin hergestellt. Dabei muss genau nach Betriebsanleitung vorgegangen werden. Ein falsches Mischungsverhältnis ist schädlich für Mensch (Abgase) und Maschine (Kolbenfresser). Über die Verwendung von bereits gemischten Kraftstoffen, zum Beispiel Aspen, Motormix, informieren die Motorsägenhändler.

Bei selbst hergestellten Zwei-Takt-Mischungen mit E10-Kraftstoff ist die Haltbarkeitsdauer des Gemisches nach Angaben der Firmen Dolmar und Stihl auf maximal 30 Tage begrenzt.

Den Kraftstoffkanister gibt es als Kombikanister (Benzin/Öl). Er muss für den Treibstoff zugelassen und entsprechend gekennzeichnet sein. Ferner sollte er für Benzin und Öl ein Einfüllsystem besitzen.

Alkylatbenzin

Alkylatbenzin wird auch häufig Gerätebenzin, Sonderkraftstoff oder Alternativtreibstoff genannt. Unter Alkylatbenzin fasst man Kraftstoffe zusammen, die vorwiegend frei von gesundheits- und umweltschädlichen Stoffen sind. Weitere Vorteile sind:

- geringere Rauchbildung,
- das Öl-Kraftstoff-Gemisch muss nicht selbst hergestellt werden,
- längere Lagerzeit von mindestens zwei Jahren,
- keine Entmischung und ein optimales Mischungsverhältnis.

Allerdings gilt auch hier, dass nur maximal 20 Liter Treibstoff in einem zugelassenen Behälter in Gebäuden gelagert werden dürfen.

Beim Kettenöl sollten Sie darauf achten, dass dieses mit dem „Blauen Engel“ gekennzeichnet ist. Häufig schreiben die Forstbehörden den Einsatz von Bioschmierstoffen vor. Biokettenöl ist ungeöffnet bei trockener und lichtgeschützter Lagerung rund vier Jahre und geöffnet etwa ein Jahr haltbar.

Wenn Sie bei einem zertifizierten Waldbesitzer Ihr Brennholz aufarbeiten, sind Sie verpflichtet, Ihre Motorsäge mit Alkylatbenzin und Biokettenöl zu betanken.

4.3 Die Säge richtig starten

Beim Anwerfen der Motorsäge ist Folgendes zu beachten: Zuerst die Kettenbremse durch Vordrücken des Handschutzes aktivieren. Danach folgt der eigentliche Startvorgang. Das Starten der Motorsäge wie in Abb. 27 dargestellt, ist so nicht erlaubt. Richtig: Klemmen Sie die Motorsäge zwischen beide Oberschenkel (Abb. 28) oder knien Sie auf die Motorsäge. Dabei wird sie fest auf den Boden gedrückt (Abb. 29). Die Schiene darf keinen Bodenkontakt haben.

Bei der Arbeit mit der Motorsäge befindet sich die linke Hand immer am vorderen Handgriff, wobei der Daumen unter den Griffbügel greift. Die Haltearbeit wird vorwiegend von Daumen und Zeigefinger geleistet. Die rechte Hand befindet sich am hinteren Handgriff. In der Regel wird mit dem Zeigefinger der rechten Hand der Gashebel betätigt (senkrechter Schnitt). Bei waagrecht geführten Schnitten wird (ausnahmsweise) mit dem Daumen Gas gegeben. So wird ein Abknicken des Handgelenks vermieden.

Die Motorsägenhersteller rüsten ihre Motorsägen oft mit Starthilfen wie Dekompressionsventil, manueller Kraftstoffpumpe, ErgoStart und ElastoStart aus. Wird ein Dekompressionsventil vor dem Start geöffnet, entweicht bei der Aufwärtsbewegung des Kolbens ein Teil des Luft-Kraftstoff-Gemisches aus dem Zylinder. Wenn das Gemisch zündet, schließt sich das Ventil selbstständig. Wenn Sie die manuelle Kraftstoffpumpe mehrmals drücken, wird Kraftstoff aus dem Tank in den Vergaser gepumpt. Dadurch ist beim Startvorgang sofort genügend Kraftstoff zur Gemischbildung vorhanden. Wenn Ihre Säge eine ElastoStartvorrichtung hat, startet sie mit Hilfe einer Feder schneller und kraftsparender.

Abb. 27 bis 29. Links: Das Starten der Motorsäge ist so nicht erlaubt. Mitte: Richtig: Die Säge zwischen den Oberschenkeln einklemmen. Rechts: Auch richtig: Knien auf der Säge zum Starten.

4.4 Grundlegende Schnitte

Der sichere Umgang mit der Motorsäge beinhaltet nicht nur deren regelmäßige Überprüfung, sondern auch das Beherrschen grundlegender Schnitttechniken.

4.4.1 Sägen mit ein- und auslaufender Kette

Bei allen Sägevorgängen muss man sich darüber im Klaren sein, ob mit ein- oder auslaufender Kette gesägt wird. Das Sägen mit der Unterseite der Motorsägenschiene bezeichnet man als Sägen mit einlaufender Kette. Dabei werden die Sägespäne zum Motorsägenführer geschleudert und das Maschinenteil wird zum durchzutrennenden Holz gezogen (Abb. 30).

Das Sägen mit der Oberseite der Motorsägenschiene bezeichnet man als Sägen mit auslaufender Kette. Die Sägespäne werden vom Motorsägenführer weggeschleudert und das Maschinenteil wird vom durchzutrennenden Holz weggedrückt (Abb. 31). Hier muss der Sägenführer einen sicheren Stand wählen und die Motorsäge gut festhalten.

Abb. 30. Sägen mit einlaufender Kette.

Abb. 31. Sägen mit auslaufender Kette.

4.4.2 Der Stechschnitt

Besondere Vorsicht geboten ist bei Schnitten, die mit der Spitze der Motorsägenschiene begonnen werden. Bei solchen Stechschnitten wollen Sie mit der Schienenspitze in das Holz hineinstechen. Versuchen Sie dies mit der Schienenspitze, kommt es zu einem sogenannten Kick-back, das heißt, die Schienenspitze schlägt plötzlich nach oben (Abb. 32) in Richtung des Motorsägenführers. Dies geschieht, weil der Tiefenbegrenzer zwischen 12 und 15 Uhr höher steht als das Zahndach.

Wenn Sie den Stechschnitt richtig ausführen, kann es nicht zu einem Kick-back kommen. Dabei ist wichtig, dass die Motoreinheit der Motorsäge tiefer ist als die Schienenspitze (Abb. 33, links). Sägen Sie eine Schienenbreite in den Stamm hinein (Abb. 33, Mitte) und stechen dann mit der Schienenspitze durch den Stamm hindurch (Abb. 33, rechts). Wichtig ist, dass Sie den Stechschnitt mit Vollgas durchführen und der Tiefenbegrenzer nach Herstellerangaben gefeilt ist.

Abb. 32. Der Kick-back-Effekt.

Abb. 33. Richtige Schnittfolge beim Stechschnitt.

4.4.3 Holz unter Spannung

Um das Einklemmen der Motorsäge und das Aufreißen von Holz zu verhindern, ist es wichtig, dass Sie die Situation richtig beurteilen. Trotz genauer Beurteilung kann es aber passieren, dass die Motorsägenschiene eingeklemmt wird. Nachfolgend werden zwei Standardsituationen beschrieben, die häufig vorkommen.

- Wenn das Holz in der Mitte frei liegt, das heißt, es liegt an zwei Punkten auf, will sich der Stamm dazwischen nach unten hin durchbiegen. An der Stammoberseite wirken im Holz Druckkräfte, deshalb spricht man von der Druckseite des Stammes. An der Stammunterseite hingegen wirken Zugkräfte im Holz, man spricht entsprechend von der Zugseite des Stammes. Beim Durchtrennen müssen Sie zuerst auf der Druckseite (Stammoberseite) mit einlaufender Kette den Entlastungsschnitt (Abb. 34, links) führen. Dieser Entlastungsschnitt wird so tief wie möglich geführt. Sobald die Motorsägenkette schwer läuft, müssen Sie sofort die Motorsägenschiene aus dem Entlastungsschnitt ziehen. Der zweite Schnitt wird jetzt von der Zugseite (Stammunterseite) mit auslaufender Kette geführt, das ist dann der Zugseitenschnitt (Abb. 34, rechts). Wichtig dabei ist, dass sich beide Schnitte treffen.

Abb. 34 (oben) und 35 (unten). Die Spannungsverhältnisse im Stamm entscheiden darüber, ob der Entlastungsschnitt von der Stammoberseite mit einlaufender oder von der Stammunterseite her mit auslaufender Kette geführt werden muss.

Keile helfen
Lässt sich die Situation nicht richtig beurteilen, können Sie mithilfe eines Keiles das Festklemmen der Motorsäge verhindern. Beginnen Sie an der Stammoberseite mit einlaufender Kette zu sägen. Sobald der Schnitt tief genug ist, setzen Sie den Keil. Durch den Keil bleibt der Motorsägenschnitt offen und Sie können den Stamm ohne Einklemmen der Motorsägenschiene durchtrennen (siehe auch Kap. 11.4 Brennholz aufarbeiten).

- Liegt das Holz nur auf einer Stelle auf und ein Großteil des Holzes ragt frei nach oben, dann ist auf der Stammoberseite die Zugseite und an der Stammunterseite die Druckseite. Sie müssen hier zuerst auf der Druckseite (Stammunterseite) mit auslaufender Kette den Entlastungsschnitt führen (Abb. 35, links). Dieser Entlastungsschnitt wird so tief wie möglich geführt. Auch hier müssen Sie sofort die Motorsägenschiene aus dem Entlastungsschnitt ziehen, sobald die Motorsägenkette schwer läuft. Der zweite Schnitt wird jetzt auf der Zugseite (Stammoberseite) mit einlaufender Kette geführt, das ist dann der Zugseitenschnitt (Abb. 35, rechts).Wichtig dabei ist, dass sich beide Schnitte treffen.

4.4.4 Säge festgefahren

Den Klassiker bei den Klemmschnitten kennt jeder und er ist bei jedem schon vorgekommen: Man führt einen Trennschnitt und hat die Spannungsverhältnisse falsch eingeschätzt. Plötzlich macht der Trennschnitt zu und klemmt die Motorsägenschiene im Trennschnitt fest. In den meisten Fällen bekommt man sie durch Herausziehen, Freisägen mit einer zweiten Motorsäge oder mit einem Keil, der die Spannungsverhältnisse im Stammteil umdreht, wieder heraus.

Um die eingeklemmte Motorsäge zu befreien, ist das Herausziehen/-reißen mit Kraft oft die erste Möglichkeit, diese wieder freizubekommen. Allerdings wird dabei das Antivibrationssystem stark belastet und kann sogar beschädigt werden.

Haben Sie einen Keil zur Hand und ist genügend Platz im Trennschnitt, können Sie durch Einschlagen eines Keils in den Trennschnitt die Spannungsverhältnisse umdrehen und die Motorsägenschiene wird dadurch wieder frei (Abb. 36).

Abb. 36. Ein Keil nimmt den Druck aus dem Schnitt.

Eine weitere Möglichkeit ist das Freisägen der Motorsäge mit einer zweiten Motorsäge. Dabei dürfen Sie jetzt nicht den Fehler vom ersten Trennschnitt wiederholen, sonst sind zwei Motorsägen im Stamm eingeklemmt. Der zweite Trennschnitt sollte in einem ausreichend großen Abstand zum ersten Trennschnitt erfolgen. Wenn der zweite Trennschnitt zu nahe am ersten Trennschnitt geführt wird, besteht die Gefahr, dass Sie in die festgeklemmte Motorsäge hineinsägen. Dies führt oft zu Schäden am vorderen Handgriff (Abb. 37 und 38).

In dem ab Abbildung 39 gezeigten Beispiel wurde bei der Fällung die Hangrichtung oder die Gewichtsverteilung des Baumes nicht oder falsch beurteilt. Der Baum steht also nicht gerade beziehungsweise hängt nicht nach vorne in Fällrichtung, sondern zurück (Rückhänger) oder zu Seite (Seithänger). Sie führen den Fällschnitt nicht mit der Stützbandtechnik, sondern als gezogenen Fällschnitt aus und setzen dabei den Keil nicht rechtzeitig. Der Fällschnitt macht plötzlich zu und die Motorsägenschiene wird im Fällschnitt eingeklemmt. Das Gleiche passiert, wenn Sie bei einem Seithänger den Fällschnitt auf der Zugseite beginnen (Abb. 39 und 40).

Jetzt müssen Sie in den Fällschnitt einen Keil hineinschlagen, damit sich dieser wieder öffnet und die Motorsägenschiene frei wird. Wenn zu wenig Platz im Fällschnitt ist, kann es passieren, dass Sie den Keil auf die Motorsägenkette schlagen. Dann

Abb. 37 Ist die Motorsäge festgefahren, kann sie mit einer zweiten Säge befreit werden. Den zweiten Trennschnitt nicht zu dicht setzen.

Abb. 38. Mit ausreichend Abstand und unter Beachtung der Spannungsverhältnisse wird die eingeklemmte Säge freigemacht.

Abb. 39. Wenn nach falscher Baumbeurteilung der Fällschnitt zumacht, steckt die Säge fest.

Abb. 40. Beim Befreien mittels Keiles müssen Sie darauf achten, dass die Schneidgarnitur nicht beschädigt wird.

hat sich der Fällschnitt geöffnet, aber die Motorsägenschiene wird jetzt durch den Keil eingeklemmt und Sie haben eventuell mit dem Keil die Motorsägenkette beschädigt. Diese Situation können Sie ganz leicht verhindern, indem Sie rechtzeitig einen Keil setzen oder mit der Stützbandtechnik den Baum fällen.

Bei der Fällung kann es vorkommen, dass trotz genauer Baumbeurteilung der Baum hängen bleibt. Dann müssen Sie die Bruchleiste schmälern, einen Drehzapfen oder einen Brückenschnitt ausformen oder die Bruchleiste komplett durchtrennen, damit Sie den Baum mit dem Wendehaken oder der Seilwinde herunterdrehen oder herunterziehen können. Wenn Sie dabei die Druck- und Zugverhältnisse nicht richtig beurteilen, kann der Baum auf der Motorsägenschiene aufsitzen oder diese einklemmen.

Jetzt wird es schwierig, die eingeklemmte Motorsäge wieder herauszubekommen, ohne dass die Motorsäge unter den Baum kommt. Deshalb sollten Sie jetzt in Ruhe die Situation neu beurteilen und nach Möglichkeiten schauen, wie Sie die eingeklemmte Motorsäge wieder frei bekommen. Sie können den Baum mit dem Wendehaken oder mit der Seilwinde von der Motorsägenschiene herunterdrehen, damit diese wieder frei wird. Der Baum muss dabei aber von der Motorsäge weggedreht werden.

Geht dies nicht, besteht die Gefahr, dass die Motorsäge beim Herabdrehen oder Herunterziehen unter den Baum kommt. Dann sollten Sie den Motorblock von der Motorsägenschiene abschrauben (Abb. 41 bis 44). Dazu lösen Sie mit dem Motorsägenschlüssel die Muttern am Kettenraddeckel (Abb. 41). Dann nehmen Sie den Kettenrad-

Abb. 41–43. Muss ein Baum mit eingeklemmter Säge abgedreht werden, sollte zu deren Schutz die Motoreinheit abgenommen werden.

deckel ab und schieben den Motorblock zum Baum, dass die Kette lose wird und vom Kettenrad fällt (Abb. 42). Jetzt können Sie den Motorblock aus dem Gefahrenbereich herausnehmen und den Hänger mit Wendehaken oder Seilwinde zu Fall bringen (Abb. 43).

Bei einer Motorsäge mit außenliegender Kupplungsglocke müssen Sie eventuell die Kette durchtrennen, um den Motorblock aus dem Gefahrenbereich zu nehmen (Abb. 44).

Wenn die Gefahr besteht, dass die eingeklemmte Motorsäge unter den Baum kommt, ist es immer sinnvoll, den Motorblock von der Schiene zu schrauben. Wird bei der Befreiungsaktion der Motorblock beschädigt, ist dies teuer. Eine neue Motorsägenschiene und/oder Motorsägenkette zu beschaffen, ist dagegen vergleichsweise deutlich kostengünstiger.

Abb. 44. Bei einer Säge mit außenliegender Kupplungsglocke kann das Trennen von Motoreinheit und Schneidgarnitur schwieriger sein. Hier muss man notfalls die Kette durchtrennen.

4.5 Lagerung der Motorsäge

Die Motorsäge sollte nach jedem Einsatz gereinigt werden. Sollten Sie die Motorsäge längere Zeit, also über drei Monate, nicht mehr einsetzen, ist es sinnvoll, den Kraftstofftank zu entleeren und den Vergaser leerzufahren. Dadurch wird ein Verkleben der Membranen im Vergaser verhindert. Außerdem müssen Sie die Motorsägenschiene und Motorsägenkette von der Maschine abmontieren, reinigen und mit einem Schutzöl einsprühen.

Wenn die Motorsäge länger ungenutzt bleibt, gibt es verschiedene Möglichkeiten für den Umgang mit dem Biokettenöl im Öltank:

- Den Öltank leeren oder leerfahren, damit die Ölpumpe nicht verklebt und den Öltank mit mineralischem Öl füllen. Danach die Motorsäge kurz laufen lassen, damit das mineralische Öl sich komplett in der Ölpumpe verteilt oder
- den Öltank komplett auffüllen. Dies verdrängt die Luft aus dem Tank und reduziert so eine Verharzung des Bioöls.

Alternativ zur Einlagerung können Sie die Motorsäge in regelmäßigen Abständen einige Minuten laufen lassen. Welche Möglichkeit Sie wählen, hängt ab

- von den Vorgaben des jeweiligen Motorsägenherstellers,
- vom Bioöl, das Sie verwenden und
- wie lange die Motorsäge nicht mehr eingesetzt wird.

Grundsätzlich sollte die Motorsäge in einem trockenen, gut durchlüfteten und möglichst staubfreien Raum gelagert werden. Beachten Sie auch immer die Hinweise in der Betriebsanleitung Ihrer Motorsäge. Hinweise zur Lagerung von Akku-Sägen finden Sie in Kapitel 3.2.

5 Gut gewartet – gut gesägt

Beim täglichen Arbeiten mit der Motorsäge fallen verschiedene Wartungs- und Pflegemaßnahmen an. Diese sollten Sie regelmäßig ausführen, um einen einwandfreien Einsatz und eine lange Lebensdauer der Motorsäge zu garantieren.

Nach jedem Einsatz sollten Sie den Luftfilter reinigen. Dazu müssen Sie den Luftfilter auseinander bauen. Reinigen Sie HD-Filter oder Luftfilter aus Draht oder Kunststoff mit Druckluft von innen nach außen (Abb. 45).

Es gibt auch Einwegfilter aus Papier, Filz oder Schaumstoff. Sie besitzen eine hohe Filterwirkung und müssen bei starker Verschmutzung ausgetauscht werden.

Da der Zylinder zum Kühlen Frischluft über die Anwurfvorrichtung bekommt, müssen die Kühlluft-eintrittslöcher regelmäßig gereinigt werden. Sprühen Sie dazu die Anwurfvorrichtung mit Bioreiniger ein und befreien Sie die Öffnungen mithilfe von Bürste, Lappen, einem kleinen Schraubendreher und Druckluft vom Harz (Abb. 46).

Für eine optimale Kühlung über die Zylinderkühlrippen müssen Harz und Sägespäne wöchentlich aus den Zwischenräumen entfernt werden. Dies geht mit Bioreiniger, Drahtbürste und einer alten Feile am besten. Besonders bei hohen Temperaturen im Sommer darf dies nicht vergessen werden (Abb. 47).

Schwertnut und Öleintrittslöcher müssen täglich gereinigt werden, damit eine optimale Schmierung der Kette erreicht wird. Nehmen Sie einen Nutkratzer und befreien Sie die Schwertnut vom Umlenk-

Abb. 46. Zum Säubern der Eintrittslöcher für die Kühlluft wird die Anwurfvorrichtung mit Bioreiniger eingesprüht und mittels eines Lappens und Schraubenziehers von anhaftendem Harz befreit.

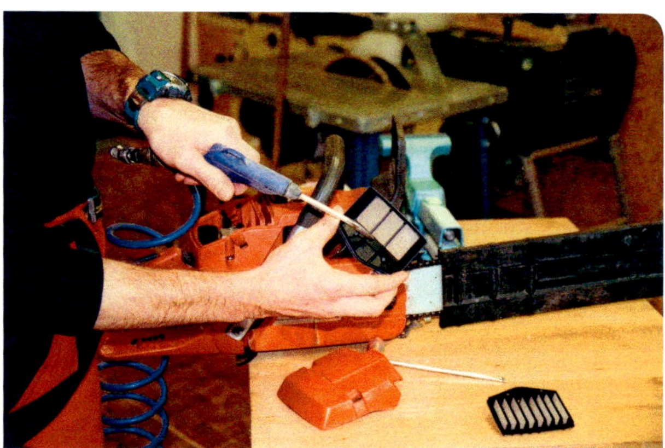

Abb. 45. Mit Druckluft, von innen nach außen gerichtet, wird der Luftfilter nach jedem Einsatz gereinigt.

Abb. 47. Einmal pro Woche sollten die Kühlrippen des Zylinders von Sägespänen und Harzresten befreit werden.

Abb. 48. Die Schwertnut und Öleintrittsöffnungen müssen täglich gereinigt werden. Beim Montieren die Schiene wenden.

Abb. 49. Die Kettenspannung stimmt, wenn sich die Kette mit zwei Fingern noch bewegen lässt.

stern weg von Öl und Sägemehl und säubern Sie das Ölloch. Beim Montieren wenden Sie das Schwert, damit es gleichmäßig abgenutzt wird (Abb. 48). Spannen Sie die Kette jetzt so, dass Sie mit zwei Fingern die Kette noch bewegen können und die Motorsäge auf einem glatten Untergrund stehen bleibt (Abb. 49). Beachten Sie auch immer die Wartungshinweise in der Bedienungsanleitung des Herstellers.

5.1 Die Schneidgarnitur muss zur Säge passen

Bevor Sie mit der Holzernte beginnen, sollten Sie Schiene, Kette und Ritzel der Motorsäge überprüfen. Die Schiene hat eine Laufleistung von etwa 320 Betriebsstunden, das Ritzel von 160 und die Kette von 80 Betriebsstunden. Dabei handelt es sich aber nur um Richtwerte. Konkret heißt das, dass auf einer Schiene vier Ketten und zwei Ritzel heruntergefahren werden können. Die Laufleistung der obigen Teile hängt allerdings auch maßgeblich von der Wartung und Pflege ab.

In Fachzeitschriften und Prospekten finden Sie verschiedene Angebote zum Kauf von Kettensets. Bevor Sie aber eine neue Schneidegarnitur kaufen, müssen Sie sich möglichst genau über die Anforderungen Ihrer Motorsäge informieren. Außerdem spielt der Einsatzbereich der Säge eine große Rolle. Besonders wichtig bei einem Neukauf ist, dass alle drei Teile zueinanderpassen. Hier die sechs Punkte, auf die unbedingt zu achten ist:

- Wählen Sie für Ihren Einsatzbereich die passende Zahnform aus (Abb. 50): Der Halbmeißel eignet sich für halb- beziehungsweise vollprofessionellen Einsatz. Höchste Anforderungen für den vollprofessionellen Einsatz in der Forstwirtschaft erfüllt der Vollmeißel. Die Hersteller haben für die Zahnform unterschiedliche Bezeichnungen, so heißt bei Stihl der Halbmeißel „Micro" und der Vollmeißel „Super".
- Als nächstes brauchen Sie die Kettenteilung Ihrer Motorsäge. Dafür müssen Sie den Abstand von drei Nieten mittig messen und anschließend durch zwei teilen (Abb. 51). Die gängigsten Teilungen werden wie folgt berechnet: 16,5 mm : 2 = 8,25 mm ist die 325-Teilung, 19,04 mm: 2 = 9,52 mm ist die 3/8-Teilung. Halbprofi- und Hobbysägen haben die gleiche Teilung, aber mit

Abb. 50. Schneidezähne im Profil v. l. Halbmeißel und Vollmeißel.

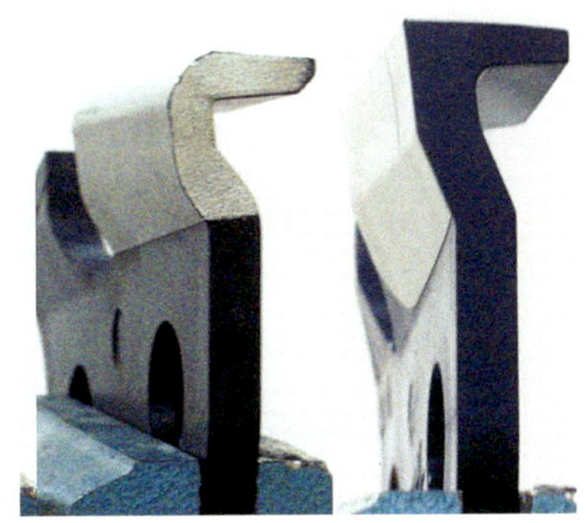

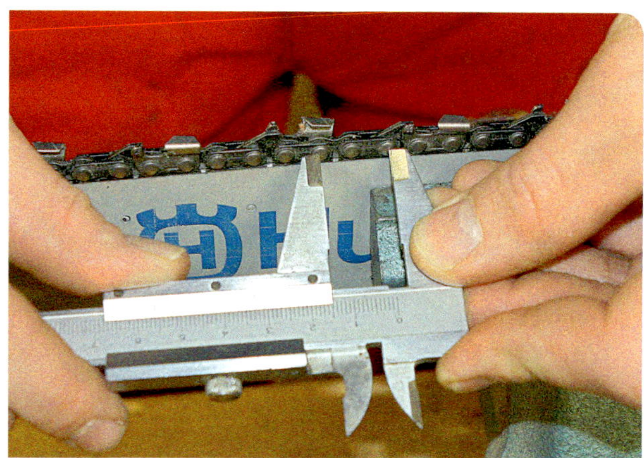

Abb. 51. Aus dem Abstand von drei Nieten errechnet sich die Teilung.

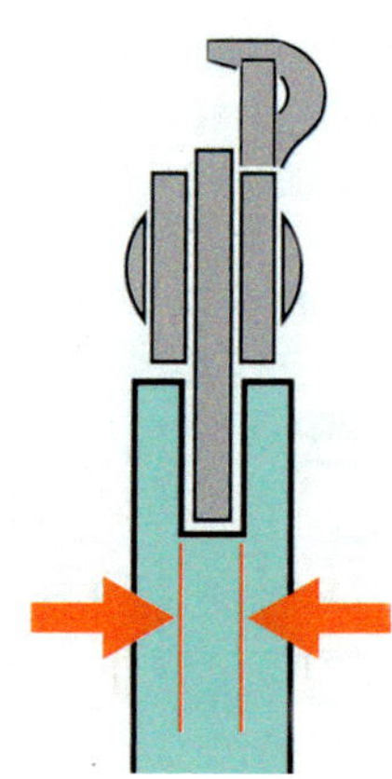

Abb. 52. Die Nutbreite der Schiene ist nur wenige hundertstel Millimeter größer als die Dicke der Treibglieder der zugeordneten Sägeketten. Dadurch wird eine exakte seitliche Führung der Sägekette erreicht.

dem Zusatz „Picco“ oder „Hobby“. Der Unterschied besteht darin, dass die Zahnhöhe bei „Picco“ und „Hobby“ geringer ist als bei der Profikette.

- Damit die Kette in der Schiene sauber läuft, brauchen Sie noch die Treibgliedstärke. Je nach Typ und Hersteller gibt es verschiedene Stärken. Die häufigsten Treibgliedstärken sind 1,6 mm, 1,5 mm und 1,3 mm. Manche Firmen prägen als Hilfestellung die Endziffer in das Treibglied ein. Die Nutbreite der Schiene und Treibgliedstärke müssen exakt übereinstimmen (Abb. 52).
- Damit die Kettenlänge stimmt, müssen Sie darauf achten, ob die Schnittlänge oder die Anzahl der Treibglieder angegeben ist.
- Bei den Kettenrädern gibt es zwei Ausführungen: Beim Profil- oder Sternkettenrad ist das Aufziehen der Kette sehr einfach, das Ringkettenrad sorgt für eine bessere Führung der Kette (Abb. 53).
- Bei der Schiene müssen Sie darauf achten, dass Länge und Nutbreite zu Ihrer Motorsäge passen. Die häufigste Schiene im Halb- beziehungsweise Profibereich ist die Rollomatic E oder Prolite-Schiene. Sie hat einen Umlenkstern und ist in Hohlbauweise gefertigt (Abb. 54). Der Vorteil daran ist, dass sie wenig Eigengewicht hat, geringen Reibungswiderstand aufweist und für straffere Kettenspannung sorgt. Damit Sie die richtige Kette und Schiene für Ihre Motorsäge kaufen, sind alle oben beschriebenen Angaben auf der Schiene eingestanzt (Abb. 55).

Abb. 53. Es gibt zwei Kettenradtypen: links das Ringkettenrad, rechts das Profil- oder Sternkettenrad.

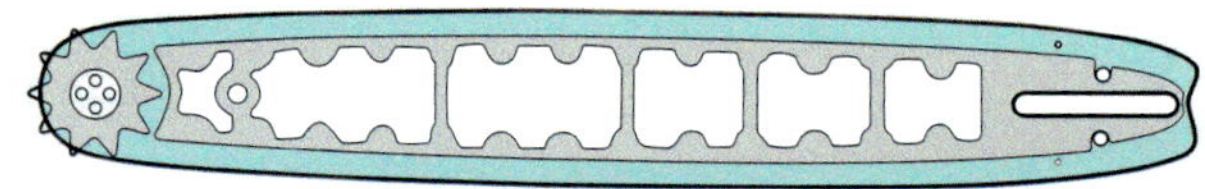

Abb. 54. Die Hohlbauweise einer Schiene spart Gewicht.

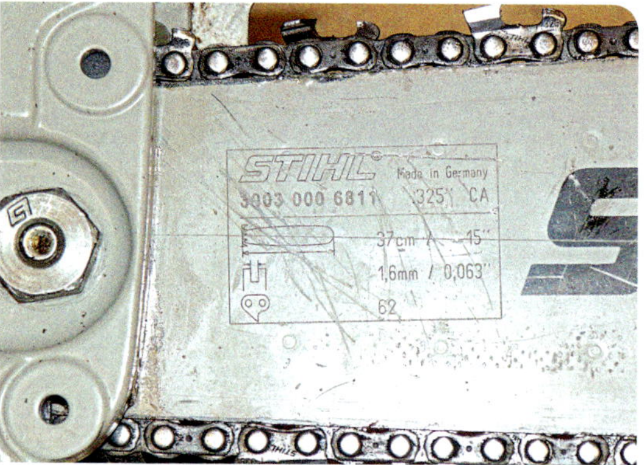

Abb. 55. Alle wichtigen Angaben sind in die Schiene eingestanzt.

5.2 Scharfe Kette – sicherer Schnitt

Bei der täglichen Waldarbeit mit der Motorsäge wird die Kette beim Fällen und Entasten schmutzig und dadurch stumpf. Sobald die Schnittleistung nachlässt, sollten Sie daher in der Lage sein, die Kette vor Ort zu schärfen.

Das Grundprinzip einer Hobelzahnkette funktioniert gleich wie bei einem Handhobel. Jeder einzelne Schneidezahn hat eine Dach- beziehungsweise Seitenschneide und einen Tiefenbegrenzer, der die Stärke des Holzspanes bestimmt. Es gibt zwei Formen von Schneidezähnen: Beim Halbmeißel ist sie halbrund und beim Vollmeißel rechteckig (Abb. 50). Diese Zähne unterscheiden sich in der Schnittleistung und der Empfindlichkeit gegenüber Schmutz und stellen unterschiedliche Anforderungen an das Schärfen. Für den halbprofessionellen und anspruchsvollen Hobby-Einsatz eignet sich der Halbmeißel am besten. Er hat eine gute Schnittleistung und eine geringe Schmutzempfindlichkeit. Trotzdem sollten Sie nicht weitersägen bis die Kette ganz stumpf ist. Wird mit stumpfer Kette weitergesägt, erhöht sich der Verschleiß an der Schneideeinrichtung und an der Maschine. Vor allem aber steigt dabei die Unfallgefahr für den Sägeführer, da er mit erhöhtem Kraftaufwand arbeiten muss. Eine Motorsäge sollte immer so schneiden, dass der Sägeführer sie nur führt und nicht drücken muss.

Um die Kette selbst schärfen zu können, reichen einige Grundkenntnisse und Sie benötigen nur wenige Hilfsmittel (Abb. 56): Feilen mit Feilenhalter (Größe 4,8 oder 4,5 mm), Messschieber, Motorsägen-Schlüssel, Stift, Flachfeile, Tiefenbegrenzerlehre, ein Schärfgitter und für die Waldschärfung einen Feilbock (Abb. 66).

Als erstes nehmen Sie den Messschieber und messen den Abstand von drei Nieten an der Kette (siehe Abb. 51). Dieses Maß ist die sogenannte Teilung. Sie hat Einfluss auf die Feilengröße. Ferner ist die Feilengröße von der Treibgliedstärke abhängig. Beträgt der Abstand 19,04 mm und Sie haben eine Treibgliedstärke von 1,5 bis 1,6 mm, so ist dies die 3/8-Teilung-Profikette. Dafür benötigen Sie die 4,8 mm-Feile. Beträgt der Abstand 19,04 mm und Sie haben eine Treibgliedstärke von 1,1 bis 1,3 mm, so ist dies die 3/8-Teilung-Hobbykette. Hier benötigen Sie die 4,0 mm-Feile. Beträgt der Abstand 16,5 mm, ist es die 325 Teilung und Sie benötigen die 4,5 mm-Feile.

Als nächstes überprüfen Sie die Kettenspannung. Spannen Sie die Kette jetzt so, dass Sie sie mit zwei Fingern noch bewegen können und die Motorsäge dabei auf einem glatten Untergrund stehen bleibt (Abb. 57). Beim Anziehen der Schrauben am Kettenraddeckel sollten Sie die Schiene immer anheben (Abb. 58). Schnellspannsysteme ermöglichen die werkzeuglose und damit einfachere Einstellung der Kettenspannung.

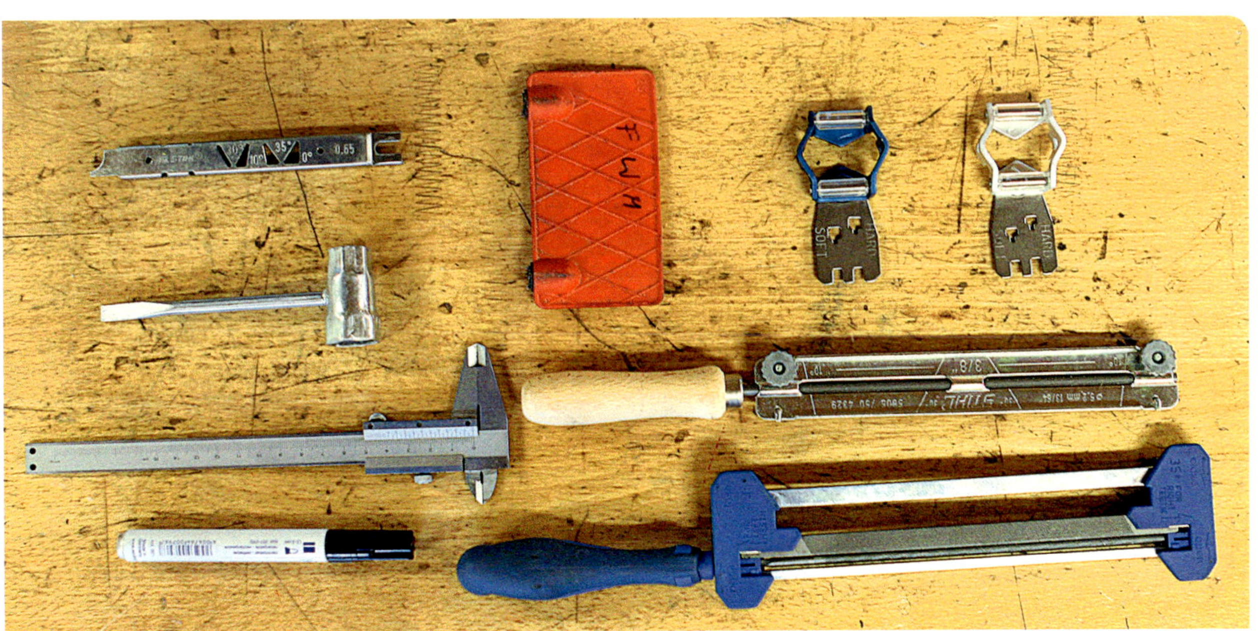

Abb. 56. Gut ausgerüstet: Für die Kettenschärfung kommt man mit wenigen Werkzeugen aus.

Abb. 57. Beim Zug an der Kette mit zwei Fingern muss die Säge stehen bleiben; dann stimmt die Kettenspannung.

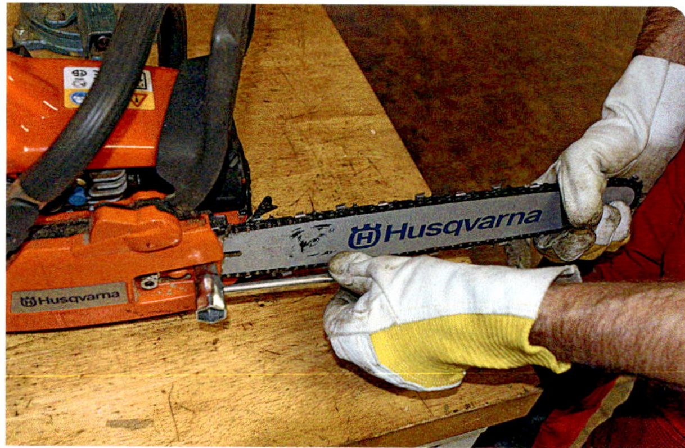

Abb. 58. Beim Anziehen der Schrauben sollte die Schiene leicht angehoben werden.

Abb. 59. Der am stärksten abgenutzte Zahn dient als Maßstab für die anderen.

Abb. 60. Vor Beginn des Feilens wird der Startzahn markiert.

Schauen Sie sich jetzt die Kette an. Suchen Sie mit dem Messschieber den kleinsten oder den am stärksten beschädigten Zahn (Abb. 59). Dieser wird instand gesetzt und sein Maß auf alle anderen übertragen. Das heißt, Sie führen gleich viele Feilzüge rechts und links oder Sie kontrollieren die Feilzüge mit dem Messschieber.

Nun wird nach der Teilung und der Treibgliedstärke die richtige Feile mit dem passenden Feilenhalter ausgesucht. Der Feilenhalter (Firmen Stihl oder Oregon) hat den Vorteil, dass er die Feiltiefe vorgibt und der Feilwinkel aufgezeichnet ist. Mit dem Stift kennzeichnen Sie den Zahn, mit dem Sie anfangen (Abb. 60). Nun machen Sie im 30°-Winkel die Feilzüge bei der linken Zahnhälfte von links nach rechts und auf der anderen Seite von rechts nach links.

Der Feilenhalter passt beim Schärfgitter genau in zwei 30°-Linien (Abb. 61). Die Feilenführung sollte waagrecht sein (Abb. 62). Überprüfen Sie jetzt mit der Tiefenbegrenzerlehre den Abstand zwischen Zahnoberkante und Tiefenbegrenzer. Dieser sollte nicht mehr als 0,65 mm betragen. Der Tiefenbegrenzer darf nicht über die Lehre hinausstehen (Abb. 63). Die Abbildungen 57 bis 63 zeigen die Arbeitsschritte der wöchentlichen Schärfung in der Werkstatt.

Beim Verwenden einer Schärflehre der Firma Husqvarna wird die Feile über zwei Rollen in der richtigen Höhe geführt (Abb. 64). An der Schärflehre befindet sich auch gleich eine Tiefenbegrenzerlehre, diese unterscheidet zwischen Weichholz „Soft" und Hartholz „Hard". Diese Schärflehre gibt es für 3/8- und 325-Zoll-Ketten. Verwenden Sie eine Schärflehre der Firma Pferd, so wird mit jedem

Abb. 61. Das Schärfgitter hilft beim Einhalten des 30°-Winkels.

Abb. 62. Der Feilenstrich sollte immer in horizontaler Richtung erfolgen.

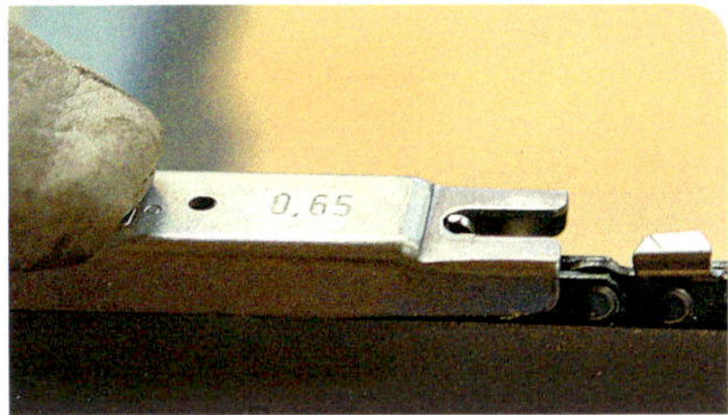

Abb. 63. Der Tiefenbegrenzer darf nicht über die Lehre hinausstehen.

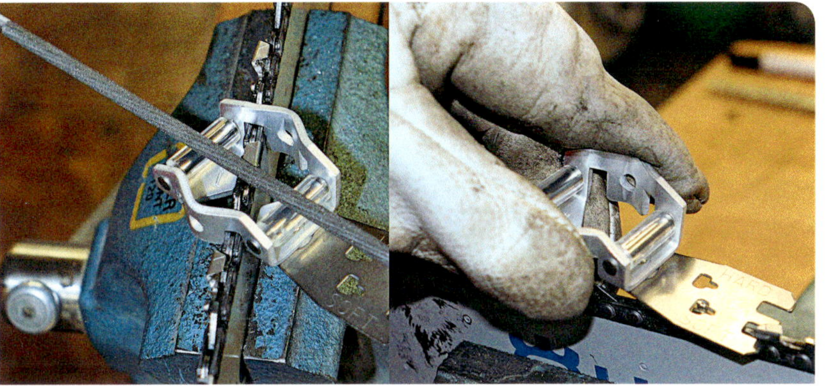

Abb. 64. Bei dieser Schärflehre von Husqvarna wird die Feile von zwei Rollen geführt, außerdem ist ein Tiefenbegrenzer für Weich- und Hartholz integriert.

Feilenstrich sofort der Tiefenbegrenzer auf die richtige Höhe zurechtgefeilt (Abb. 65).

Bei der Waldschärfung sollten Sie wie in der Werkstatt zuerst die Kettenspannung überprüfen, dann den am stärksten beschädigten Zahn suchen. Dieser wird zuerst instand gesetzt und sein Maß auf alle anderen übertragen, das heißt gleich viele Feilzüge links wie rechts.

Um die Säge beim Schärfen im Wald zu fixieren, gibt es verschiedene Möglichkeiten:

- Verwenden eines Feilbockes, der in den Stamm hinein geschlagen wird (Abb. 66),
- Einsägen in die Oberfläche eines Stammes (Abb. 67) oder
- Führen eines Stechschnitts in den Stamm in optimaler Arbeitshöhe (Abb. 68). Dabei wird die Schiene mit einem MS-Schlüssel im Schnitt fixiert.

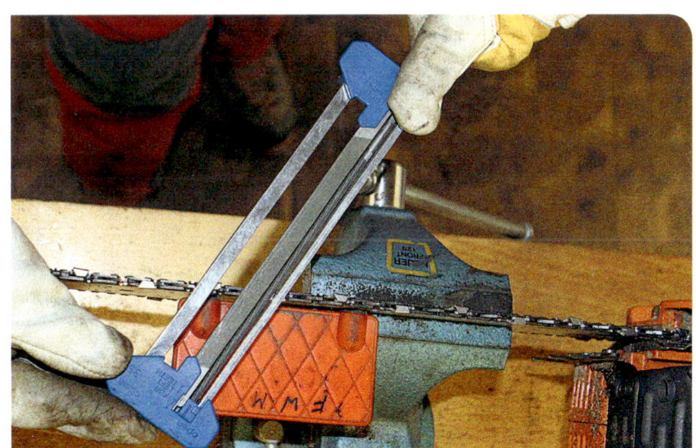

Abb. 65. Bei dieser Schärflehre wird der Tiefenbegrenzer gleich mit gefeilt.

Abb. 66. Ein eingeschlagener Feilbock in einem gefällten Baum erleichtert das Schärfen der Kette.

Abb. 67. Senkrechter Einschnitt in den Stamm.

Abb. 68. Stechschnitt.

Abb. 69. Freihändig feilen liefert kein vernünftiges Ergebnis und ist Pfusch.

Wenn Sie die Kette ohne Hilfsmittel fixieren und dann feilen, ist das Feilergebnis nicht zufriedenstellend (Abb. 69). Beachten Sie immer auch die Wartungshinweise des Herstellers in der Bedienungsanleitung/Verpackung der Motorsägenkette.

5.3 Das Anwerfseil austauschen

Verschleiß oder Bruch können den Austausch des Anwerfseils der Motorsäge notwendig machen. Die Reparatur sollte wegen diverser Schrauben und Kleinteilen nur auf einer übersichtlichen Arbeitsfläche durchgeführt werden. Und so wird's gemacht:

Schrauben Sie als erstes die Anwurfvorrichtung ab und legen die Schrauben auf die Seite (Abb. 70). Nun ziehen Sie den Splintring herunter, entnehmen die Unterlegscheibe und entfernen das Klinkensys-

Abb. 70. Beginnend beim Lösen der Lüfterradabdeckung die Teile in der Reihe ihrer Demontage auf dem Tisch anordnen.

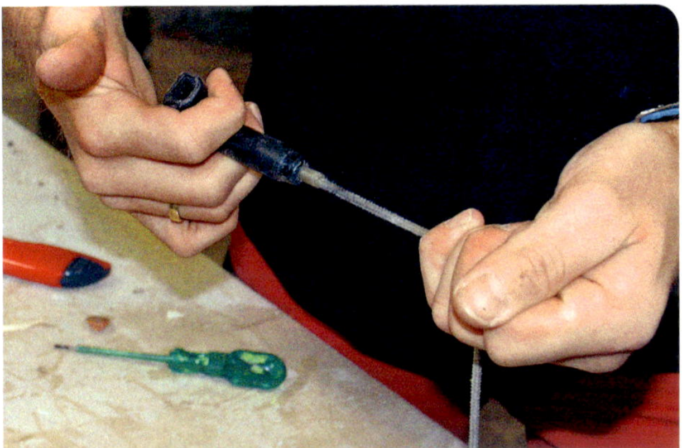

Abb. 71 und 72. Das neue Seil wird zuerst in den Anwerfgriff eingeführt (links) und gut festgezogen (rechts).

Abb. 73. Danach muss das Seil noch durch die Lüfterradabdeckung gefädelt werden.

Abb. 74. Der Seilanfang wird in die Seiltrommel eingeführt.

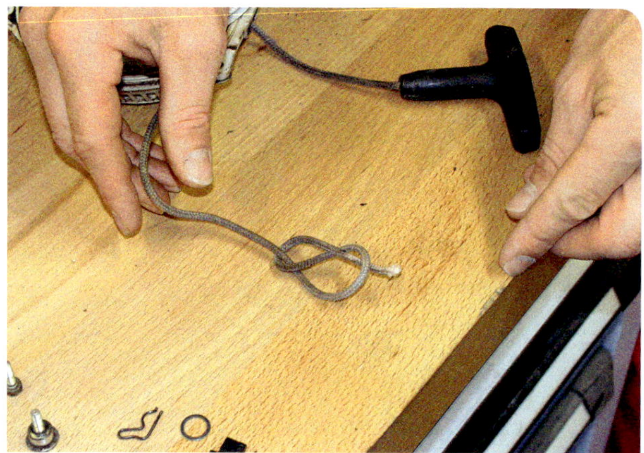

Abb. 75. Zum Befestigen des Seils dient ein Achterknoten.

Abb. 76. Der Knoten sollte gut festgezogen werden und möglichst klein sein.

Abb. 77. Der Knoten muss genau in die vorgesehene Aussparung passen.

Abb. 78. Das überstehende Seilende abtrennen, ohne den Knoten zu beschädigen.

Abb. 79. Die Seiltrommel wird eingelegt und mit dem Splintring befestigt.

Abb. 80. Zur Kontrolle der Seilspannung den Griff auf die Seite legen und loslassen. Er muss sich von allein aufrichten.

tem aus der Seiltrommel. Je nach Hersteller kann auch eine Schraube anstelle des Splintrings als Befestigung dienen. Legen Sie sich alle Teile in der Reihenfolge hin, wie sie ausgebaut wurden. Die Seiltrommel kann jetzt von der Lüfterradabdeckung entfernt werden.

Mithilfe eines kleinen Schraubenziehers können Sie das Seil aus der Seiltrommel und aus dem Anwurfgriff entfernen. Es empfiehlt sich, zum Kauf eines neuen Anwurfseils das alte mitzunehmen, damit das Ersatzteil genau zum Typ der Motorsäge passt.

Das neue Seil führen Sie zuerst in den Griff (Abb. 71) und ziehen es richtig fest (Abb. 72). Jetzt das Seil in die Lüfterradabdeckung (Abb. 73) und dann den Seilanfang in die Seiltrommel führen (Abb. 74). Zum Befestigen des Anwurfseils wird mit dem Seil eine Acht gelegt, den sogenannten Achterknoten (Abb. 75). Dieser muss gut festgezogen werden (Abb. 76) und so klein sein, dass er in die Aussparung passt. Er darf nicht über die Aussparung herausstehen, da er sonst am Lüfterrad reibt (Abb. 77). Sollte vom Anwurfseil nach dem Achterknoten noch ein Stück überstehen, wird dies, ohne den Knoten zu beschädigen, abgetrennt (Abb. 78).

Im nächsten Schritt wird die Seiltrommel wieder eingelegt. Die Klinke kommt in die dafür vorgesehene Aussparung und wird mit Unterlegscheibe und Splintring befestigt (Abb. 79), sodass sich die Klinke beim Herausziehen des Anwurfseils nach außen bewegt. Nun nehmen Sie das Seil, legen es an der Seiltrommel an und drehen mit dem Seil die Seiltrommel sechs Mal im Uhrzeigersinn herum. Entwirren Sie das Anwurfseil und lassen dann die Rolle los. Das Seil wird jetzt aufgerollt.

Machen Sie nun einen Test, indem Sie den Griff auf die Seite legen und dann loslassen. Stellt er sich jetzt von alleine auf, ist die Spannung richtig (Abb. 80). Wenn er nicht von alleine aufsteht, ziehen Sie das Seil nochmals heraus, halten die Seiltrommel fest, legen dann das Seil an die Seiltrommel an und drehen nochmals im Uhrzeigersinn einmal nach rechts. Nun lassen Sie die Seiltrommel los und das Anwurfseil rollt sich auf. Führen Sie den Test wie beschrieben durch und wiederholen den Vorgang bei falschem Ergebnis. Sobald die Spannung stimmt, setzen Sie die Anwurfvorrichtung auf dem Gehäuse auf und schrauben sie fest. Um die Haltbarkeit des Anwurfseils zu verlängern, ziehen Sie beim Anwerfen immer gerade heraus. Damit das Seil keine Feuchtigkeit aufnimmt, sollten Sie es gelegentlich einwachsen. Beachten Sie auch immer die Reparaturhinweise in der Bedienungsanleitung des Herstellers.

5.4 Wartung von Kettenbremse, Kupplungsglocke und Ritzel

Zusätzlich zur wöchentlichen Wartung und Pflege Ihrer Motorsäge müssen Sie auch noch regelmäßig Wartungsarbeiten an Kettenbremse, Kupplungsglocke und Ritzel durchführen.

Bei den meistverkauften Sägemodellen gibt es zwei verschiedene Systeme:

- Motorsägen mit innenliegender Kupplung und Kettenbremse (Abb. 81) und
- Motorsägen mit außenliegender Kupplung, bei der die Kettenbremse im Kettenraddeckel integriert ist (Abb. 89).

Abb. 81. Motorsäge mit innenliegender Kupplung und Kettenbremse.

5.4.1 Arbeitsschritte bei innenliegender Kupplung

Bei der Motorsäge mit innenliegender Kupplung gehen Sie wie folgt vor:

Entfernen Sie zuerst den Kettenraddeckel, dann die Motorsägenkette. Anschließend nehmen Sie die Führungsschiene vom Motorblock und lösen die Kettenbremse. Drücken Sie mit dem Schraubendreher den Splintring herunter (Abb. 82) und nehmen die Teile nacheinander von der Kurbelwelle. Zuerst kommt der Splintring, dann folgen Unterlegscheibe, Kettenrad und Nadellager (Abb. 83).

Kontrollieren Sie die Kupplungsglocke auf Beschädigung, das Kettenrad auf Verschleiß und entfernen Sie den Schmutz auf der Innenseite der Kupplungsglocke (Abb. 84).

Sobald Sie zwei bis drei Ketten verbraucht haben oder die Einlaufspuren am Kettenrad tiefer als 0,5 mm sind, muss das Kettenrad ausgetauscht werden. Gleiches gilt für die Kupplungsglocke, sobald sie beschädigt ist (Abb. 85).

Abb. 82. Nach Freilegen des Kettenrades wird der Splintring entfernt, links..

Abb. 83. Die demontierten Teile ordentlich zur Wiedermontage ablegen, rechts.

Abb. 84. Schmutz auf der Innenseite der Kupplungsglocke wird gründlich entfernt.

Abb. 85. Bei Beschädigungen der Glocke, hier ein Haarriss, diese sofort austauschen.

Abb. 86. Aus den Zwischenräumen wird sämtlicher Schmutz beseitigt.

Abb. 87. Nach Lösen der Abdeckung lassen sich Bremsband und Feder der Kettenbremse säubern.

Abb. 88. Das Nadellager vor dem Einbau fetten, links.

Abb. 89. Sägenbauart mit außenliegender Kupplung. Die Kettenbremse ist im Kettenraddeckel integriert, rechts.

Danach reinigen Sie noch die Zwischenräume von Kupplung, Bremsband und Maschinengehäuse. Verwenden Sie dazu einen Schraubendreher oder Druckluft (Abb. 86). Wenn Sie zusätzlich noch die Abdeckung der Kettenbremse entfernen, können Sie das Bremsband und die Feder reinigen (Abb. 87). Vor dem Einbau müssen Sie das Nadellager noch mit einem Schmierfett einfetten (Abb. 88). Bauen Sie jetzt alles in umgekehrter Reihenfolge wieder zusammen.

5.4.2 Arbeitsschritte bei außenliegender Kupplung

Bei der außenliegenden Kupplung ist die Kettenbremse im Kettenraddeckel integriert (Abb. 89).

Da Sie bei der wöchentlichen Wartung den Kettenraddeckel reinigen, wird auch gleich der Schmutz zwischen Bremsband und Kettenraddeckel mit entfernt (Abb. 90). Wenn Sie jetzt die Kupplungsglocke mit dem Ringkettenrad (Abb. 91) ausbauen wollen, brauchen Sie dazu Spezialwerkzeug (Kolbenstopper, Kupplungsschlüssel, Abb. 92). Ersetzen Sie die Zündkerze durch den Kolbenstopper (Abb. 93). Danach lösen Sie mit dem Kupplungsschlüssel die Kupplung und drehen sie im Uhrzeigersinn herunter (Abb. 94). Bauen Sie die Teile der Reihenfolge nach auseinander. Zuerst kommt die Kupplung, dann die Kupplungsglocke, das Kettenrad und zuletzt das Nadellager (Abb. 95). Jetzt können Sie alle Teile reinigen und auf Verschleiß und Beschädigung kontrollieren. Fetten Sie das Nadellager mit Schmierfett ein wie bei der innenliegenden Kupplung. Bauen Sie dann alle Teile in umgekehrter Reihenfolge wieder zusammen.

Beide Systeme gibt es sowohl mit Sternkettenrad (Abb. 81, 82, 83, 85) als auch mit Ringkettenrad (Abb. 89, 91, 95). Hat Ihre Motorsäge ein Sternkettenrad, geht das Aufziehen der Kette leichter. Da

Abb. 90. Bei der wöchentlichen Wartung wird auch der angesammelte Schmutz zwischen Bremsband und Kettenraddeckel entfernt.

Abb. 91. Ausgebaute Kupplungsglocke mit dem dazugehörigen Ringkettenrad.

Abb. 92. Zum Ausbau der Kupplungsglocke benötigt man Spezialwerkzeug.

Abb. 93. Die Zündkerze herausdrehen und durch den Kolbenstopper ersetzen.

Abb. 94. Danach mit dem Spezialschlüssel die Kupplung lösen.

Abb. 95. Die Bauteile werden gut gereinigt.

das Sternkettenrad mit der Kupplungsglocke verbunden ist, muss es bei Verschleiß beziehungsweise Beschädigung immer komplett ausgetauscht werden.

Hat Ihre Motorsäge ein Ringkettenrad, muss bei Verschleiß erst einmal nur der Ring ausgetauscht werden. Nach etwa drei bis vier Ringkettenrädern sollten Sie die Kupplungsglocke austauschen. Weiterer Vorteil ist, dass das Treibglied besser geführt wird. Allerdings ist das Aufziehen der Kette nicht ganz so einfach wie beim Sternkettenrad. Ob Ihre Motorsäge ein Ringkettenrad oder ein Sternkettenrad hat, ist jeweils von Firma, Baureihe und Serie abhängig. Die Wartungsarbeiten bei beiden Typen sind gleich. Nur der Ausbau ist bei der außenliegenden Kupplung schwieriger. Beachten Sie auch immer die Wartungshinweise in der Bedienungsanleitung des Herstellers.

5.5 Gummipuffer rechtzeitig wechseln

Bei einigen Motorsägentypen bestehen die Ringpuffer des Antivibrationssystems aus Gummi. Dieser Gummi kann mit der Zeit beschädigt werden. Das führt dann dazu, dass die Vibrationen von Motor und Sägekette nicht mehr optimal gedämmt werden und Sie die Ringpuffer der Motorsäge ersetzen müssen. Beispielhaft wird hier der Austausch der Ringpuffer (AV-Elemente) an einer 026 der Firma Stihl gezeigt (Abb. 96).

Abb. 96. Für den Austausch benötigen Sie die passenden Ringpuffer (AV-Elemente), Schraubendreher, MS-Schlüssel, Torxschraubendreher und Handschuhe

Abb. 97. Demontieren Sie die Schneideinrichtung..

Abb. 98. Reinigen Sie den Bereich mit Druckluft.

Abb. 99. Entfernen Sie jetzt mit einem Schraubendreher das Seitenblech.

Abb. 100. Jetzt können Sie den Kettenfangbolzen entfernen.

Abb. 101. Hebeln Sie jetzt mit einem Schraubendreher den Stopfen heraus. Beim hinteren Ringpuffer wiederholen.

Abb. 102. Die Ringpuffer sind mir Torxschrauben fixiert, lösen Sie diese jeweils am vorderen und hinteren Ringpuffer.

Abb. 103. Jetzt brauchen Sie Kraft um die beiden Ringpuffer herauszuhebeln. Am besten geht das mit einem Motorsägen-schlüssel.

Abb. 104. Setzen Sie die neuen Ringpuffer dann passgenau ein.

Abb. 105. Drücken Sie die Ringpuffer jetzt so weit hinein, dass die Stopfen darauf passen. Achten Sie darauf, dass die die Puffer nicht beschädigt werden

Abb. 106. Fixieren Sie beide Ringpuffer mit der Torxschraube und drücken Sie die Stopfen wieder hinein. Beim vorderen Ringpuffer dürfen Sie den Kettenfangbolzen nicht vergessen.

Abb. 107. Den dritten Puffer finden Sie zwischen Luftfilter und Zylinder.

Abb. 108. Lösen Sie die drei Torxschrauben und ersetzen Sie die alten Ringpuffer. Nur wenn alle drei Puffer ausgetauscht werden, haben Sie eine optimale. Dämpfung.

Sie werden jetzt beim Einsatz der Motorsäge feststellen, dass die Vibrationen deutlich geringer sind. Wenn Sie diese Pflege- und Wartungsarbeiten regelmäßig durchführen, können Sie nicht nur Geld für teure Reparaturen sparen, sondern verlängern auch die Lebensdauer Ihrer Motorsäge und erleichtern sich die tägliche Arbeit. Ratsam ist es, jeweils alle Gummidämpfer auszutauschen. Beachten Sie immer auch die Reparaturhinweise in der Bedienungsanleitung des Herstellers.

6 Standardausrüstung für die Holzernte

Neben der Motorsäge benötigen Sie für die Holzernte eine Reihe weiterer Werkzeuge. Bei einigen, beispielsweise bei Keilen, gibt es eine größere Auswahl, ohne die Sie einen Nachteil bei der Holzernte haben. In diesem Kapitel wird die Standardausrüstung für die Holzernte beschrieben, auf den nächsten Seiten leiten wir Sie zum Sicherheits-Check an. Werden Hersteller oder Typenbezeichnungen benannt, stehen diese beispielhaft für gängige Werkzeuge.

6.1 Kombikanister

Der Kombikanister ist für 5,0 Liter Kraftstoff und 3,0 Liter Kettenöl ausgelegt (Abb. 109). Dieser Kanister besitzt eine UN-Zulassung nach Gefahrstoffverordnung und die Gefahrstoffhinweise. Es ist sinnvoll, für den Kombikanister ein Einfüllsystem für Kraftstoff und Kettenöl zu verwenden, da dieses automatisch schließt, wenn der Tank voll ist (Abb. 144).

Abb. 109. Alles im Griff: Kombikanister und Verbandskasten.

6.2 Spaltaxt und Spalthammer

Zum Keilen/Treiben und Spalten gibt es verschiedene Geräte. Entscheidend ist das Einsatzgebiet.

- Die Spaltaxt wird im mittelstarken bis starken Nadel- und Laubholz zum Keilen/Treiben eingesetzt. Zum Spalten eignet sich die Spaltaxt durch ihren schmalen Blattwinkel für Nadelholz. Sie ist für das Keilen/Treiben dank ihrer großen Schlagplatte und ihrem Gewicht von etwa 3,0 kg hervorragend geeignet (Abb. 110.2).
- Der Spalthammer wird ebenfalls im mittelstarken bis starken Nadel- und Laubholz zum Keilen/Treiben eingesetzt. Zum Spalten eignet sich der Spalthammer durch den stumpfen Blattwinkel für Laubholz hervorragend. Das Keilen/Treiben ist mit dem Spalthammer schwieriger, da er eine kleinere Schlagfläche besitzt. Sein Gewicht beträgt etwa 3,0 kg (Abb. 110.1).
- Der Spaltfix eignet sich für Keilarbeiten im mittelstarken Nadelholz beziehungsweise im Laubholz bei normal stehendem Baum. Der Spaltfix ist ein Universalgerät und hat ein Gewicht von rund 1,5 kg (Abb. 136).

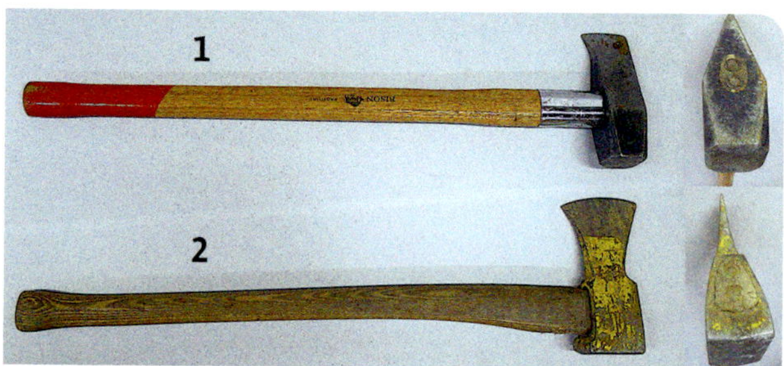

Abb. 110. Der Spalthammer (1) hat einen stumpfen Blattwinkel und die Spaltaxt (2) einen schmalen Blattwinkel.

6.3 Keile

Es gibt eine große Auswahl an Keilen, die zum Fällen und Spalten geeignet sind. Nachfolgend werden die in der Praxis am häufigsten eingesetzten Keile vorgestellt.

- Der Fäll- und Spaltkeil nach Dr. Reissinger besteht aus einem Aluminiumkeilschuh mit einem auswechselbaren Holzeinsatz mit Aluminiumring. Die Hubhöhe beträgt rund 4,0 cm.
- Der Fällkeil aus Massivaluminium besitzt Frostleisten für einen besseren Halt im gefrorenen Holz. Die Hubhöhe beträgt beim neuen Keil etwa 4,0 cm.
- Der Bolle Starkholzkeil ist aus Aluminium mit einem auswechselbaren Schlageinsatz aus Kunststoff. Durch seinen langsamen Anstieg besitzt er eine gute Hebelwirkung. Die Hubhöhe beträgt am Ende des Keils rund 6,0 cm.
- Kunststoffkeile aus Polyamid zum Fällen gibt es für verschiedene Einsatzgebiete von Schwachholz bis zum Starkholz. Ihr Vorteil ist, dass sie im gefrorenen Holz sehr gut ziehen. Die Hubhöhe variiert von 2,0 bis 6,0 cm.

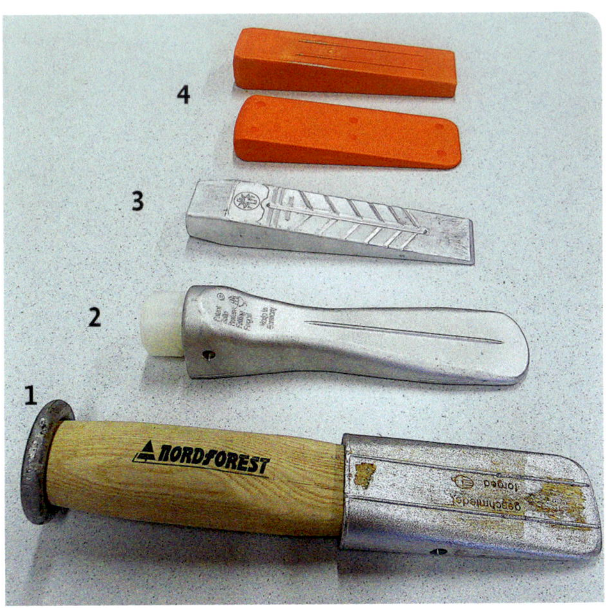

Abb. 111. Verschiedene Keilausführungen: Fäll- und Spaltkeil nach Dr. Reissinger (1), Bolle Starkholzkeil (2), Fällkeil aus Massivaluminium (3) und Kunststoffkeile (4).

Es ist immer sinnvoll, wenn Sie eine genügende Anzahl von Keilen mitführen (Abb. 111, 141).

6.4 Werkzeuggurt

Um den gefällten Stamm aufzuarbeiten, benötigen Sie einen Werkzeuggurt, der mit folgenden Geräten ausgerüstet ist:

- Maßband, wahlweise mit 15, 20 oder 25 m,
- Kluppe mit einem Messbereich von 40 cm,
- Kreidehalter mit Druckstift,
- Werkzeugtasche für Motorsägenschlüssel, Rundfeile und das Verbandspäckchen sowie
- ein Kombiholster für das Mitführen von Keilen (Abb. 132 und 138).

Abb. 112. Eine moderne Forstkoppel mit allen wichtigen Werkzeugen.

6.5 Wendehaken

Damit Sie den Stamm beim Aufarbeiten drehen können, brauchen Sie in der Regel einen Wendehaken.

- Der Wendehaken mit einem Holzstiel ist für das Wenden/Drehen in mittelstarkem bis starkem Holz geeignet. Bei Bedarf können an dem Wendehaken auch zwei Mann arbeiten (Abb. 193).
- Der Wendehaken LT-Light besteht aus Aluminium und ist ebenfalls zum Wenden/Drehen im mittelstarken bis starken Holz geeignet. Er ist allerdings ausschließlich als Einmanngerät einsetzbar (Abb. 113).
- Der Schwarzwälder Wendering ist in allen Holzstärken einsetzbar. Der Holzstiel wird in der Regel vor Ort in der passenden Stärke und Länge besorgt.

6.6 Fällhilfen

Es gibt auch noch die sogenannten Fällhilfen, die als Kombigeräte zum Fällen und Wenden eingesetzt werden. Sie kommen in der Regel im Schwachholz zum Einsatz. Die Fällhilfen gibt es in zwei Längen mit 80 und 130 cm. Sie sind geeignet als Fällhilfe bei Bäumen bis 25 cm Brusthöhendurchmesser und zum Wenden bis 35 cm Brusthöhendurchmesser (Abb. 114).

Abb. 113. Wendehaken der Firma Ochsenkopf.

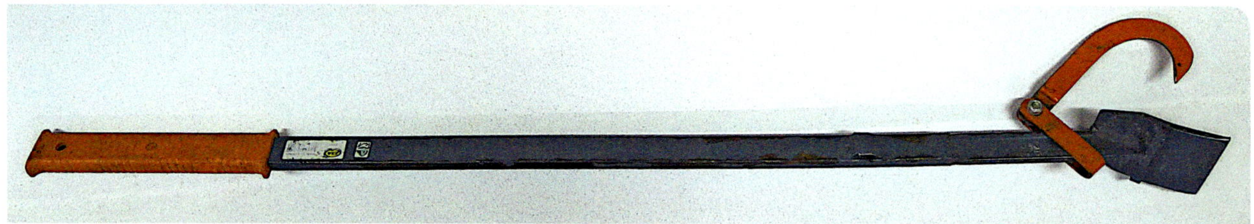

Abb. 114. Fällhilfe mit einer Länge von 130 cm.

6.6.1 Technische Fällhilfen

Fällkeile mit hydraulischer oder mechanischer Unterstützung, etwa mit dem Schlagschrauber, sind in der heutigen Waldarbeit ein ständiger Begleiter bei der Holzernte (Abb. 115). Diese Hilfsmittel ersetzen die klassischen Keilarbeiten mit der Spaltaxt und dem Keil bei der Fällung von Bäumen. Durch ihren Einsatz gestaltet sich die Arbeit ergonomisch und es kommt während des Fällvorganges zu keinen Erschütterungen in der Baumkrone. Dadurch wird das Risiko reduziert, dass während des Fällvorganges dürre Äste aus der Krone abbrechen und herunterfallen. Sie sind dabei aber kein Ersatz für die Seilwinde. Mechanische Fällhilfen mit einer Feingewinde-Spindel sind für den Einsatz mit einem Akku-Schlagschrauber gedacht, beziehungsweise lassen sich damit nachrüsten. Hat die Spindel ein gröberes Gewinde, ist die Betätigung nur mit einer Knarre möglich.

Der mechanische Fällkeil TR24 (Abb. 115,1) mit Gelenkknarre hat sein Einsatzgebiet im Schwachholz. Er hat eine Druckkraft von etwa 8,0 t, eine Hubhöhe des Keils von 4,0 cm und wiegt 2,8 kg. Speziell für kleinere Schlagschrauber konzipiert ist der TR24 AQ. Sein Einsatzgebiet liegt im Schwachholz. Er hat eine Druckkraft von rund 12,0 t, eine Hubhöhe von 4,0 cm und wiegt je nach Akku-Set 3,5 bis 5,7 kg.

Der mechanische Fällkeil TR30 (Abb. 115, 2) mit Gelenkknarre oder Ratsche hat sein Einsatzgebiet im Mittel- bis Starkholz. Er hat eine Druckkraft von zirka 15 t, eine Hubhöhe von 6,0 cm und wiegt 5,2 kg. Der TR30 AQ ist speziell für den Einsatz mit dem Schlagschrauber gedacht. Sein Einsatzgebiet liegt im Mittel- bis Starkholz. Er hat eine Druckkraft von 25 t, eine Hubhöhe von 6,0 cm und wiegt je nach Akku-Set 7,9 bis 8,3 kg.

Sowohl der TR24 AQ als auch der TR30 AQ kann mit einer Drehmomentstütze nachgerüstet werden. Durch diese Nachrüstung werden Schlagschrauber und Keil fest miteinander verbunden. Das reduziert die Vibrationen und das Maßband lässt sich einhängen. Beim Fällkeil der Firma Basting heißt dieses System ValLink (Abb. 116). Durch diese Vorrichtung kann bei beiden Systemen der Fällkeil vom Rückweichenplatz (siehe Kapitel 9.1.4) außerhalb der Kronenprojektion betätigt werden. Gleiches gilt für mechanische Fällkeile, die sich über Funk bedienen lassen.

Der TR300 AQ (Abb. 115, 3) ist ein Fällkeil mit Fernbedienung. Er ist fest mit einer Drehmoment-

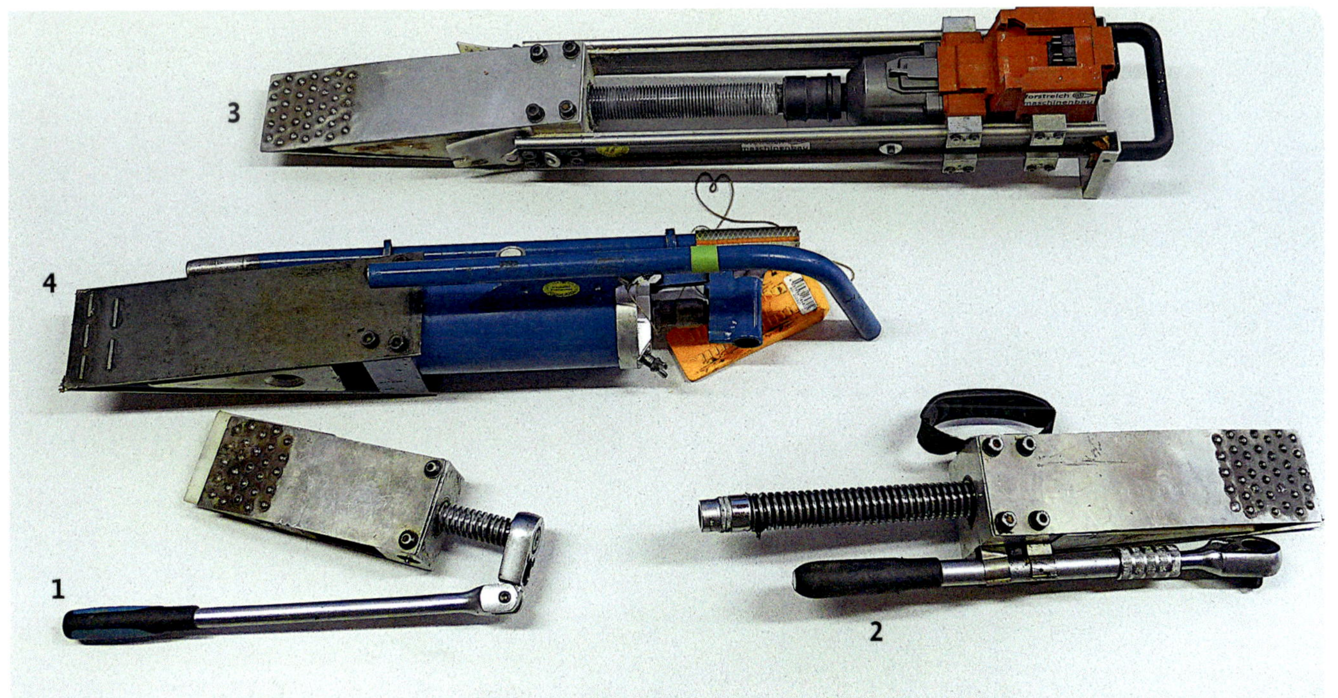

Abb. 115. Fällhilfen gibt es in diversen Ausführungen.

Abb. 116. Mit dem eingehängten Maßband oder per Fernbedienung lässt sich ein mechanischer Fällkeil aus sicherer Entfernung bedienen.

stütze verbaut. Mit einer Druckkraft von rund 25 t, einer Hubhöhe vom 6,0 cm und einem Gewicht von 9,2 kg liegt sein Einsatzgebiet im Mittel- bis Starkholz.

Der hydraulische Fällkeil (Abb. 115, 4) hat sein Einsatzgebiet in der Starkholzernte. Er hat eine Hubkraft von 28 t, eine Hubhöhe von 7,0 cm und wiegt 10,5 kg.

6.7 Kommunikationsgeräte

Es gibt Funkgeräte, die mit dem Headset am Helm verbunden sind und Bluetooth Headsets (Abb. 117). Diese Geräte erleichtern das Kommunizieren während der Waldarbeit untereinander. Je nach Ausstattung sind sie auch mit dem Handy erreichbar.

6.8 Erste-Hilfe-Ausrüstung

Bei Arbeiten mit der Motorsäge sollte mindestens ein Verbandspäckchen und eine Rettungsdecke am Mann mitgeführt werden (Abb. 118).

6.9 Absperrmaterial der Waldarbeit

Der Standard zur Sicherung der Waldwege ist die Absperrtafel und das Warnband (Abb. 119), siehe auch Kapitel 8.

Abb. 117. Headsets sind eine einfache und effektive Kommunikationsausstattung.

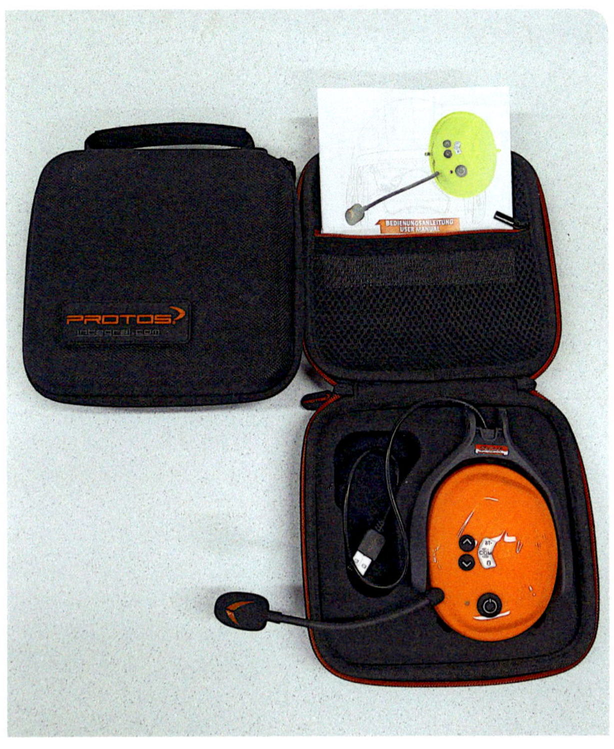

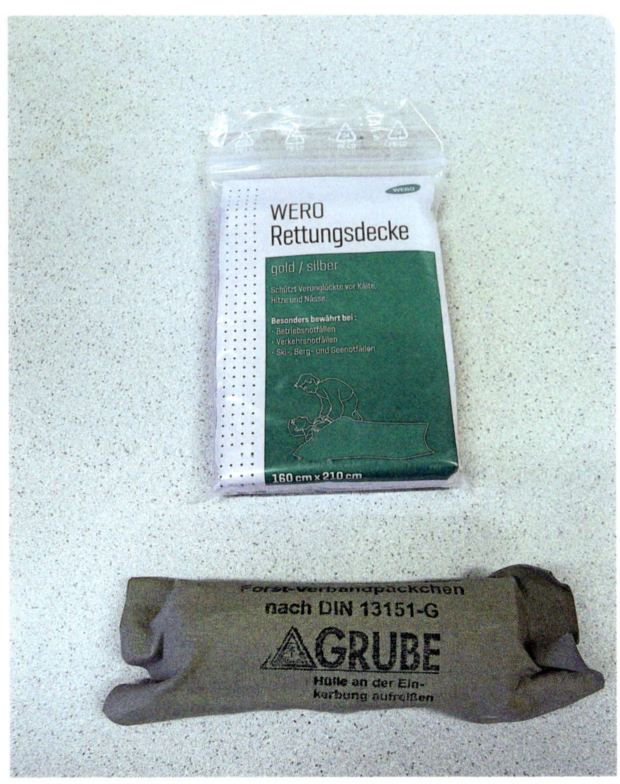

Abb. 118. Verbandspäckchen und Rettungsdecke sollten immer mit dabei sein.

Abb. 119. Bewährter „Klassiker“: Absperrtafel und Signalband.

7 Sicheres Werkzeug – sichere Arbeit

Werkzeuge und Maschinen unterliegen bei der Holzernte erheblichen Belastungen und müssen deshalb regelmäßig überprüft werden. Etwa bei Seilwinden ist dieser Sicherheitscheck auch vorgeschrieben.

Der Bediener prüft die eingesetzten Maschinen, Geräte und Werkzeuge vor jedem Arbeitseinsatz auf ihren ordnungsgemäßen und betriebssicheren Zustand. Bei der Waldarbeit sind dies unter anderem Seilwinde, Motorsäge, Freischneider, Holzerntewerkzeug, Geräte zur Pflanzung und Kultursicherung.

Nach den Unfallverhütungsvorschriften (UVV) gibt es zwei unterschiedliche Prüfungen: die Prüfung durch eine gemäß UVV-befähigte Person und die Prüfung durch den Bediener. Diese Prüfungen sind optische Prüfungen. Die Prüfungen durch eine befähigte Person werden in regelmäßigen Abständen (jährlich oder alle zwei Jahre) durchgeführt. Bei der Waldarbeit sind dies zum Beispiel die Prüfung der Seilwinde, der Anschlagmittel und der Umlenkrolle für den Bodenzug, der Anlegeleitern, der persönliche Schutzausrüstung und weiteres. Diese Prüfungen werden von der befähigten Person in einem Prüfbuch dokumentiert und vom Bediener vor jedem Einsatz auf ihren ordnungsgemäßen und betriebssichern Zustand überprüft.

Nach dem Besuch eines entsprechenden Lehrgangs können Sie die jährlich wiederkehrende und vom Gesetzgeber vorgeschriebene Winden- und Kranprüfung selbst durchführen. Mit diesem Sachkundenachweis sind Sie aber nur befähigt, Ihre eigene Winde und Ihren Kran zu prüfen.

7.1 Umlenkrolle und Rückeseil

Die Prüfung der Umlenkrolle für den Bodenzug muss einmal jährlich durch eine befähigte Person durchgeführt und dokumentiert werden. Zusätzlich muss der Bediener vor jedem Arbeitseinsatz die Umlenkrolle auf ihren ordnungsgemäßen und betriebssicheren Zustand überprüfen. Dabei müssen folgende Punkte beachtet werden:

- Rasthebel vorhanden und funktionsfähig,
- Haltenase nicht beschädigt,
- sind Anrisse, Haarrisse oder Korrosionsnarben vorhanden, die die Verwendung beeinträchtigen oder Verschlüsse nicht gangbar, verriegelt oder verbogen (Abb. 120).

Beim Rückeseil sollten Sie darauf achten, dass dieses nicht beschädigt ist. Die häufigsten Schäden am Rückenseil sind Litzenbrüche, Knicke, Quetschungen und Klanken. Wenn Sie solche Schäden feststellen, müssen Sie das Rückeseil komplett austauschen oder die schadhafte Stelle muss durch Einkürzen entfernt werden.

Abb. 120. Die Umlenkrolle für den Bodenzug muss jährlich von einer befähigten Person geprüft werden. Haarrisse oder Verformungen (Pfeil) bedeuten das Aus.

7.2 Stiele und Keile

Bei Werkzeugen mit einem Holzstiel sollten Sie darauf achten, dass der Stiel sicher im Haus sitzt. Ansonsten müssen die Keile nachgezogen oder das Werkzeug über Nacht ins Wasser gestellt werden. Ist der Stiel sehr stark beschädigt, führt am Kauf eines neuen Stiels kein Weg vorbei. Hier sollten Sie darauf achten, dass die Fasern geradestehen und der Kamm nicht von Anfang an zu klein ist (Abb. 121).

Beim Vollaluminiumkeil sollte der Grat wegen der Bruchgefahr entfernt werden (Abb. 122). Der Bolle-Fällkeil mit Kunststoffeinsatz und der Duraluminiumkeil mit Holzeinsatz braucht mehr Wartung und Pflege: Achten Sie darauf, dass der Kunststoffeinsatz und das Keilholz nicht am Keilschuh anstehen. Der Kunststoffeinsatz und das Keilholz sollten auch nicht durch die seitliche Bohrung zu sehen sein. Sind Kunststoffeinsatz und Keilholz beschädigt, sollten Sie dieses ersetzen.

Abb. 121. Ist der Stiel stark beschädigt, muss dieser umgehend ausgetauscht werden.

Abb. 122. Beim Vollaluminiumkeil sollte der Grat wegen der Bruchgefahr entfernt werden.

7.3 Fällhilfen und Akkugeräte

Kommen bei Ihnen Fällhilfen wie ein hydraulischer oder mechanischer Fällkeil zum Einsatz, müssen Sie die Spindel und Laufflächen regelmäßig reinigen und fetten (Abb. 123).

Besitzen Sie einen Fällkeil mit Schlagschrauber, muss zusätzlich zu den oben genannten Wartungsarbeiten eine Elektroprüfung für das Ladegerät durchgeführt werden (siehe Elektrische Anlagen und Betriebsmittel VSG 1.4) (Abb. 124).

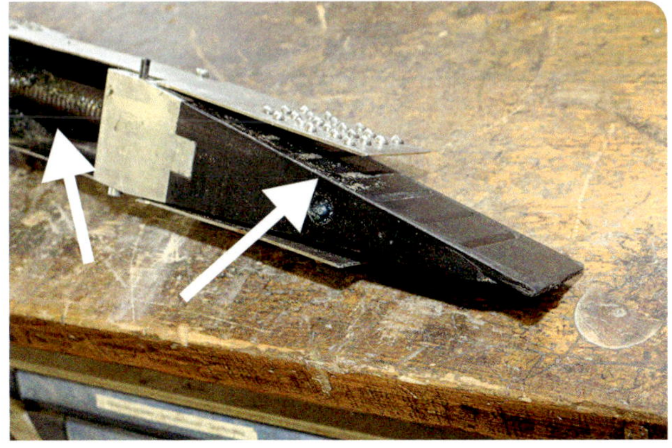

Abb. 123. Beim hydraulischen oder mechanischen Fällkeil müssen Sie die Spindel und Laufflächen regelmäßig reinigen und fetten.

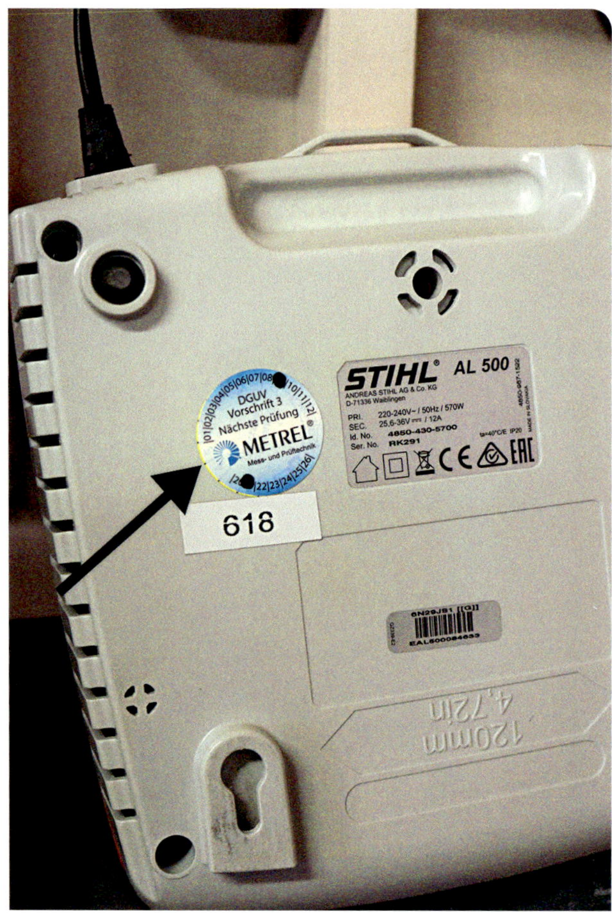

Abb. 124. Besitzen Sie einen Fällkeil mit Schlagschrauber, muss zusätzlich zu den Wartungsarbeiten eine Elektroprüfung für das Ladegerät durchgeführt werden.

Abb. 125. Damit der Akku nicht überhitzt oder explodiert, sollte der Akku nach dem Ladevorgang aus dem Ladegerät herausgenommen oder das Ladegerät durch eine Zeitschaltuhr vom Strom getrennt werden.

Damit der Akku nicht überhitzt oder explodiert, ist es wichtig, dass dieser nach dem Ladevorgang aus dem Ladegerät herausgenommen oder das Ladegerät durch eine Zeitschaltuhr vom Strom getrennt wird (Abb. 125).

Beim Transport sollten Sie darauf achten, dass der Akku nicht im Gerät transportiert wird, keinen mechanischen Stößen und Quetschungen oder großer Hitze ausgesetzt ist. Sonst kann es zu einem Kurzschluss oder Brand kommen.

Bei der Fällhilfe schauen Sie sich die Schweißpunkte genau an, da hier die Bruchgefahr am größten ist. Eventuell muss der Haken nachgeschärft werden.

7.4 Säge und Freischneider

Die Motorsäge sollte vor jedem Einsatz gründlich kontrolliert werden. Prüfen Sie als erstes die Funktion der Kettenbremse. Dazu Vollgas geben und dann die Kettenbremse einlegen. Jetzt sollte die Kette sofort zum Stillstand kommen. Ist dies nicht der Fall, müssen Sie unbedingt eine Fachwerkstatt aufsuchen, da die Unfallgefahr sonst viel zu hoch ist.

Läuft bei Motorsäge oder Freischneider im Standgas die Kette beziehungsweise das Schneidemesser mit oder geht die Motorsäge oder der Freischneider aus, so können Sie über die Leerlaufdrehzahl beziehungsweise über die Leerlaufanschlagschraube das Standgas verstellen. Dies kann je nach Hersteller die T oder TA- Schraube sein. Bei neueren Motorsägen mit MTronic oder AutoTune können Sie das Standgas nicht mehr verstellen, dies wird durch die Elektronik gesteuert. Sollte die Motorsägenkette trotzdem mitlaufen, hat dies andere Ursachen wie etwa der Bruch einer Feder von der Kupplung. Dann sollten Sie diese auf Beschädigungen überprüfen. Als nächstes überprüfen Sie die Gashebelsperre auf ihre Funktion. Ungewolltes Gas geben darf nicht möglich sein.

Bei der Motorsäge befindet sich unterhalb vom Kettenraddeckel der Kettenfangbolzen. Dieser hat die Funktion, dass beim Abspringen oder Bruch die Motorsägenkette im Flug zusammenbricht und dadurch nicht auf die rechte Hand schlägt. Ist der Kettenfangbolzen beschädigt oder fehlt er, müssen Sie diesen ersetzen oder austauschen.

Das Antivibrationssystem an Motorsäge und Freischneider funktioniert über Gummipuffer oder Federn. Beide Dämpfungselemente können sich mit der Zeit abnutzen. Die Gummipuffer können abgerissen oder spröde sein und Federn brechen. Somit geht die Wirkung verloren und die Vibrationen gehen auf die Hände über. Dies kann zur sogenannten Weißfingerkrankheit führen. Defekte Gummipuffer oder Federn müssen in diesem Fall rasch ersetzt werden (Abb. 126).

Der Kurzschlussschalter ist je nach Hersteller über ein Blech oder einen Schalter gesteuert. Das Blech könnte verbogen oder mit Öl verschmiert sein. Bei Motorsägen und Freischneidern mit Schalter kann es vorkommen, dass der Schalter infolge der starken Vibrationen nicht mehr funktioniert und Motorsäge oder Freischneider nicht mehr ausgeschaltet werden können. Sollte der Schalter nicht funktionieren, müssen Sie die Maschine mit der Chokestellung ausmachen. Dabei läuft Kette und Schneidewerkzeug noch kurzzeitig mit und erhöht somit die Unfallgefahr. Als letztes sollten Sie noch prüfen, ob alle Schrauben festsitzen.

Beim Kombikanister sollten Sie auf die Kennzeichnung nach Gefahrstoff schauen, denn diese muss auf dem Kombikanister angebracht sein. Ein weiteres Kriterium ist die maximale Verwendbarkeit von fünf Jahren nach dem Gefahrstoffgesetz.

7.5 Persönliche Schutzausrüstung

Ein weiterer wichtiger Punkt ist die Überprüfung der persönlichen Schutzausrüstung. Dabei liegt der Schwerpunkt bei der Schutzhelmkombination und bei der Schnittschutzhose. Achten Sie bei der Schutzhelmkombination auf die Tragedauer. Diese ist nach Hersteller in der Regel fünf Jahre. Abweichend vom Hersteller empfehlen die SVLFG (Sozialversicherung für Landwirtschaft, Forsten und Gartenbau) und DGUV (Deutsche Gesetzliche Unfallversicherung) eine Tragedauer von vier Jahren.

Ob die Helmschale noch in Ordnung ist, können Sie durch den sogenannten Knistertest feststellen. Beim Knistertest wird der Helm zusammengedrückt, knistert dieser, dann müssen Sie diesen sofort ersetzen. Auch ist es sinnvoll, die Helmschale mit lauwarmem Wasser zu reinigen. Dies dient der Hygiene und der Sichtbarkeit des Helmes. Schauen Sie sich auch das Visier genau an: Ist es beschädigt, sollten Sie dieses austauschen.

Ein weiterer wichtiger Punkt sind die Gehörschutzkapseln, die vor Lärm schützen. Bei diesen kann der Hygienesatz komplett ausgetauscht wer-

Abb. 126. Die Dämpfungselemente des Antivibrationssystems nutzen sich mit der Zeit ab und müssen dann ersetzt werden.

den; dies sollte in regelmäßigen Abständen erfolgen. Ist der Dichtring beschädigt oder nicht mehr elastisch, müssen Sie diesen sofort austauschen.

Ist bei der Schnittschutzhose der Oberstoff beschädigt, können Sie diese weiterhin einsetzen. Ist aber die Schnittschutzeinlage beschädigt, sollten Sie sich sofort eine neue Schnittschutzhose beschaffen.

Damit Erste Hilfe geleistet werden kann, muss auch der Verbandskasten dabei sein. Leider ist das Verbandsmaterial oft nicht mehr vollständig oder dessen Haltbarkeit abgelaufen. Deshalb gehört der Verbandskasten genauso zur jährlichen Kontrolle wie alle oben aufgeführten Arbeitsmittel.

7.6 Prüfungen bei Fahrzeugen

Bei den Fahrzeugen (PKW, Anhänger, Traktoren etc.) kann zusätzlich zur Hauptuntersuchung (TÜV) eine jährliche UVV Prüfung dazukommen (siehe Technische Arbeitsmittel VSG 3.1 der SVLFG) (Abb. 127).

Dabei werden Ihre Fahrzeuge von einem sachkundigen Prüfer auf einen betriebssicheren Zustand geprüft. Welche Prüfungen Sie zusätzlich zur Hauptuntersuchung machen müssen (z. B. nach VSG 1.4 oder 3.1), sollten Sie mit Ihrer Unfallversicherung (SVLFG) abklären.

Abb. 127. Bei Fahrzeugen kann zusätzlich zur Hauptuntersuchung (TÜV) eine jährliche UVV-Prüfung dazukommen.

8 Gefahren beim Holzeinschlag

Bei der Waldarbeit, insbesondere bei der Holzernte, haben Unfallverhütung und Schadensvorbeugung oberste Priorität. So müssen Gefahrenbereiche auch für Dritte kenntlich gemacht werden.

Im Herbst und in der Vorweihnachtszeit trifft man häufig Waldbesucher in abgesperrten Waldstücken an, in denen Holzerntemaßnahmen durchgeführt werden. Dies liegt zum einen daran, dass es in diesen Waldstücken Pilze gibt und zum anderen, dass für den heimischen Garten Abdeckreisig benötigt wird. Dabei ist den Waldbesuchern oft nicht bewusst, in welche Gefahr sie sich begeben. Viele gehen davon aus, dass man es ja hört, wenn ein Baum fällt. Dies ist heute oft nicht mehr der Fall, außerdem wird die Sicht häufig durch die Naturverjüngung erschwert.

Beim Fällen von Bäumen kommen heute moderne Fällhilfen (hydraulischer, mechanischer und Akku-Fällkeil) zum Einsatz. Dadurch hört man das typische Geräusch vom Schlagen mit der Spaltaxt auf den Fällkeil nicht mehr. Deshalb ist es für Waldbesucher besonders gefährlich, in solche abgesperrten Bereiche hineinzugehen.

8.1 Waldwege richtig absperren

In diesem Zusammenhang stellt sich auch immer wieder die Frage, wie man einen Waldweg richtig absperrt.

Normalerweise werden ein Warnband in einem Meter Höhe über den Weg gespannt und die Sperrtafel in Wegmitte sicher aufgestellt (Abb. 128).

Sollten Sie einen Baum in einfacher Baumlänge in Richtung Weg fällen und Sie sehen den Weg nicht ein, dann müssen Sie zusätzlich zur Absperrung auch noch zwei Absperrposten stellen. Diese Absperrposten müssen bei der Fällung außerhalb der doppelten Baumlänge stehen und den Weg zusätzlich absperren. Befinden sich innerhalb der doppelten Baumlänge Rückegassen oder Maschinenwege, müssen diese nur dann zusätzlich abgesperrt werden, wenn sie von Waldbesuchern genutzt werden.

In der Regel dürfen Radfahrer nur auf Waldwegen fahren. Diese sind aber für Mountainbike Fahrer oft nicht sonderlich interessant beziehungsweise gut geeignet. Deshalb führen oft Radstrecken (Trails) abseits von Waldwegen durch den Wald, die viel interessanter sind als die Waldwege. Diese „wilden“ Radstrecken sind dann bei Nichterkennen bei der Vorbereitung und Durchführung der Holzerntemaßnahme eine Gefahr für alle Beteiligten. Daher sollten Sie vor Beginn den Bestand auf solche Radstrecken (Trails) absuchen und diese gegebenenfalls ordnungsgemäß absperren (Abb. 129).

Abb. 128. Die Standardlösung zur Sicherung von Wegen mit Warnband und Sperrtafel.

Abb. 129. Die Bremsspur verrät es: Diese Rückegasse wird als „wilde“ Mountainbikestrecke genutzt.

Um die Kommunikation zu den Absperrposten zu erleichtern, kommen Funkgeräte, wie beispielsweise der Helmfunk der Firma 3M in Verbindung mit Kenwood oder der Firma Pfanner zum Einsatz. Durch den Einsatz von Funkgeräten ist auch eine Verständigung mit anderen Arbeitskollegen und dem Maschinenführer möglich.

Je nach Besucherstrom von Wanderern, Joggern, Radfahrern und anderen Personen müssen Sie die Absperrung erhöhen, das heißt, statt des Warnbandes mit Absperrschild einen beweglichen Sperrzaun mit Absperrschild oder eine Absperrplane verwenden, um den Waldweg abzusperren (Abb. 130 und 131). Sollten diese Maßnahmen nicht ausreichen, müssen zwei Absperrposten den Weg zusätzlich absperren.

Jede Absperrung sollte so aufgebaut sein, dass ein Fahrzeug im Kreuzungsbereich wenden kann. Werden Absperrungen nicht mehr gebraucht, sollten sie auch wieder abgebaut werden.

Grundsätzlich sollten Sie vor Arbeitsbeginn (vor allem nach dem Wochenende) und nach längeren Pausen (Vesper- oder Mittagspause) die Absperrungen auf Vollständigkeit überprüfen. Dies ist besonders im Naherholungswald wichtig, da die Absperrungen immer wieder von Besuchern geöffnet oder umgeworfen werden. Des Weiteren empfiehlt es sich auch, bei einem großen Besucherstrom eine Umleitung anzubieten oder in der Zeitung auf die Umleitung wegen der Holzerntemaßnahme hinzuweisen.

Neben der Holzernte gibt es bei der Waldarbeit noch andere Tätigkeiten, bei denen ein Absperren des Waldweges notwendig wird, wenn der Waldweg sich innerhalb des Gefahrenbereiches befindet. Dies sind:

- Arbeiten bei der Kultursicherung mit dem Freischneider,
- bei der Bestandspflege (Jungbestandspflege) mit der Motorsäge,
- bei der Holzbringung und Lagerung mit einer Rückmaschine sowie
- bei der Aufarbeitung und Bringung mit Harvester und Vorwarder.

Werden Arbeiten an öffentlichen Straßen durchgeführt, benötigen Sie von der Straßenverkehrsbehörde eine verkehrsrechtliche Anordnung.

Bei Fällarbeiten an Bahnlinien, Energieleitungen und Wasserstraßen müssen Sie den Betreiber rechtzeitig vor Beginn der Holzerntemaßnahme informieren. Dieser gibt Ihnen dann die Sicherheitsvorkehrungen und eventuell den zeitlichen Ablauf für diese Maßnahme vor. Das heißt beispielsweise, wann Sie mit der Fällung beginnen dürfen (Uhrzeit), wie lange darf die Sperrung maximal dauern und anderes.

Abb. 130. Eine gute Sicherungsvariante ist der bewegliche Sperrzaun.

Abb. 131. Eine Absperrplane ist die auffälligste Art der Wegeabsperrung.

8.2 Der Gefahrenbereich

Der Gefahrenbereich ist der Bereich der doppelten Baumlänge (rundherum) um den Baum. In diesem Bereich dürfen sich nur die Personen aufhalten, die mit der Fällung beschäftigt sind. Das heißt, Sie müssen am zufällenden Baum sein. Waldwege, die durch den Gefahrenbereich gehen, müssen abgesperrt werden. Wenn bekannt ist, dass Rückegassen von Wanderern, Joggern, Reitern usw. als Weg benützt werden, müssen auch diese abgesperrt werden.

8.3 Gefahrensituationen bei der Fällung erkennen

Jedes Jahr passieren bei der Holzernte schwere Unfälle. Deshalb kommt es schon im Vorfeld darauf an, Gefahrenquellen zu erkennen und Fehlverhalten zu vermeiden. Es gibt aber auch immer wieder Situationen, bei denen durch Fehlverhalten ein Unfall verursacht wird, der im schlimmsten Fall tödlich endet. Und um diese geht es nachfolgend:

- Rutsch- und Stolpergefahr können Sie vermeiden, indem Sie Ihren Arbeitsplatz und Ihre Rückweiche immer sorgfältig von Ästen und behinderndem Bewuchs frei räumen. Auch ein Schnittschutzschuh mit Klappgriff sorgt für sicheren Stand. Wenn Sie Sträucher in der Rückweiche und am Arbeitsplatz entfernen müssen, sägen Sie diese bodennah ab. Achten Sie auf eine gerade Schnittführung. Sträucher, die zu hoch oder schräg abgesägt werden, erhöhen wieder die Stolpergefahr (Abb. 132 und 133).
- Beim Beisägen des Wurzelanlaufes auf der linken Seite dürfen Sie nicht auf dem rechten Knie abknien. Da dieser Schnitt mit auslaufender Kette geführt wird, ist dabei das linke Bein im Schwenkbereich der Motorsägenschiene. Kommt es jetzt plötzlich zu einem Kick-back, trifft die Motorsägenschiene mit voller Wucht und voller Geschwindigkeit das Schienbein. Auch eine Schnittschutzhose kann da einen schweren Unfall nicht mehr verhindern. Wenn Sie aber auf dem linken Bein abknien, befindet sich das Bein nicht im Schwenkbereich der Motorsägenschiene (Abb. 134).

Abb. 132. Die Rückweiche darf kein Hindernisparcours sein.

Abb. 133. Störende Büsche bodennah absägen.

Abb. 134. Richtiges Abknien: Links korrekt, rechts falsch, denn hier ist das Bein im Schwenkbereich der Motorsäge.

Abb. 135. Beim Fällschnitt darf der zweite Mann nicht den Keil ansetzen.

- Bevor Sie jetzt mit dem Fällschnitt beginnen, müssen alle Personen aus dem Fällbereich heraus, die sich im Bereich der doppelten Baumlänge (rundherum) befinden. Der zweite Mann darf sich auf keinen Fall im 90 Grad-Winkel zum fallenden Baum aufhalten. Dies wäre lebensgefährlich für ihn. Damit er sich deutlich von der Umgebung abhebt, sollte er zudem eine Arbeitsjacke tragen, die mindestens zu einem Drittel mit einer Warnfarbe ausgestattet ist.
- Solange Sie den Fällschnitt mit der Motorsäge ausführen, darf der zweite Mann nicht den Keil in den Fällschnitt setzen (Abb. 135). Springt jetzt plötzlich die Motorsägenschiene aus dem Fällschnitt, nützen auch Arbeitshandschuhe mit Schnittschutz nichts mehr.
- Solange der Motorsägenführer den Fällschnitt mit auslaufender Kette auf der rechten Seite fertig sägt, darf der zweite Mann nicht im Schwenkbereich der Motorsägenschiene den

Baum umkeilen (Abb. 136). Bekommt dabei die Schienenspitze Kontakt zum Holz oder Keil, schlägt sie mit voller Wucht und voller Kettengeschwindigkeit auf das Schienbein des zweiten Mannes. Dieser Unfall kann verhindert werden, indem der Baum erst umgekeilt wird, wenn der Fällschnitt fertiggestellt ist oder der zweite Mann auf der anderen Seite zum Keilen steht.

- Fällt der Baum jetzt, müssen Sie zügig auf den Rückweicheplatz zurücktreten, das heißt schräg zur Seite und vor allem weit genug. Im Nadelholz bedeutet dies 4,0 bis 6,0 m und im Laubholz 6,0 bis 10,0 m. Dabei müssen Sie den Kronenraum beobachten. Die Abb. 137 zeigt eine solche Situation. Falsch: Die Person rechts steht zu nahe am fallenden Baum und schaut dem Baum hinterher. Richtig: Die zweite Person steht schräg auf der Seite, weit genug weg und beobachtet dabei den Kronenraum.

Abb. 136. Beim Keilen darf sich der zweite Mann nicht im Schwenkbereich der Motorsäge befinden.

Abb. 137. Baum fällt: Die Person rechts steht zu nahe und schaut dem fallenden Stamm hinterher. Richtig verhält sich Person zwei, die aus sicherer Entfernung den Kronenraum beobachtet.

8.4 Winterliche Waldarbeit

Winterliche Waldarbeit bedeutet eine große Herausforderung für Mensch und Maschine, da Frost, Schnee und Nässe die Arbeit erschweren. Vor allem muss die Arbeitskleidung gegen Nässe und Kälte schützen. Dabei sollten Sie darauf achten, dass die Beweglichkeit trotzdem gewährleistet ist und der Nässetransport von innen nach außen funktioniert. Tragen Sie deshalb keine Parka und Baumwollartikel. Auch Schnittschutzhosen gibt es aus Nässe abweisenden Materialien.

Die meisten Unfälle bei der Waldarbeit passieren durch Stolpern und Stürze. Besonders bei winterlichen Verhältnissen ist darauf zu achten, dass der Arbeitsplatz und die Rückweiche kein Hindernisparcours sind (Abb. 132). Gutes Schuhwerk ist unverzichtbar. Achten Sie immer auf einen sicheren Stand und die erhöhte Rutschgefahr (Abb. 139). Beim Schärfen der Motorsägenkette sollten Sie sich darauf einstellen, dass das Holz gefroren ist. Das heißt, wenn Sie den Tiefenbegrenzer zu weit herunterfeilen, erhöht sich die Rückschlaggefahr und somit auch die Unfallgefahr (Abb. 140). Der Unterschied von Nadelholz zu Hartholz macht sich beim Sägen im Winter noch stärker bemerkbar, deshalb Herstellerangaben und Tiefenbegrenzerlehre zu Hilfe nehmen.

Damit die Motorsäge bei Minustemperaturen auch immer reibungslos läuft, stellen Sie die Motorsäge, wie in den Herstellerangaben beschrieben, von Sommer- auf Winterbetrieb um. Dadurch wird die erwärmte Luft vom Zylinder zum Luftfilter geleitet.

Bei der winterlichen Holzernte sollten Sie gegenüber den normalen Bedingungen noch folgende Punkte bedenken:

- Frühzeitig flache Keile (Abb.141) setzen, Hubhöhe etwa 2,0 cm.

Abb. 139. Durch Arbeitsschuhe mit Klappgriff kann die Standsicherheit auf Schnee und gefrorenem Boden erhöht werden.

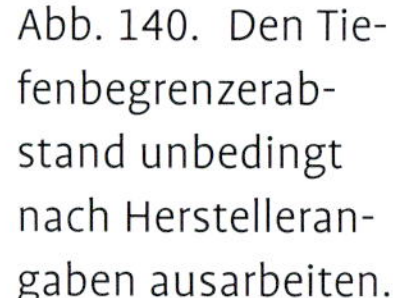

Abb. 140. Den Tiefenbegrenzerabstand unbedingt nach Herstellerangaben ausarbeiten.

Abb. 138. Nicht nur erhöhte Rutschgefahr, sondern auch Beeinträchtigung der Sicht durch Nebel oder Schnee sowie die Eigenheiten von gefrorenem Holz machen die winterliche Waldarbeit besonders gefährlich.

Abb. 141. Flach anlaufende Keile mit Frostleisten eignen sich für den Einsatz im gefrorenen Holz besonders (v. vorne): Holzkeil, Kunststoffkeil, Vollaluminiumkeil, Duraluminiumkeil mit Holzeinsatz und Bollefällkeil.

- Keile vorsichtig schlagen, da bei großer Schlagkraft der Keil aus dem Fällschnitt springt.
- Schwierige Bäume stehen lassen (Frostperiode hält nicht ewig an) oder mit Seilwindenunterstützung fällen.
- Serienfällung vorbereiten, da sich über Mittag die Luft erwärmt, oder eine Seilwinde beim Fällen benutzen.
- Auf gefrorenem Boden kann der Baum je nach Hangneigung abrutschen.

Schauen Sie sich auch genau die Fällschneise an, ob Hindernisse oder Gefahren dort die Fällung behindern. Wählen Sie die Fällrichtung besonders genau aus, damit die Krone in Vorlage kommt und nicht an einer Nachbarkrone ansteht. Gefrorene Baumteile sind starr und erschweren das Fallen der Bäume (Abb. 142).

Abb. 142. Raureif, Schnee und Feuchtigkeit beeinflussen die Gewichtsverteilung des Baumes.

8.5 Mit Werkzeug und Treibstoff unterwegs auf öffentlichen Straßen

Beim Transport von Treibstoff auf öffentlichen Straßen müssen Sie gewisse Vorschriften beachten: Der Kunststoff-Kanister darf nicht älter als fünf Jahre alt sein. Er muss zugelassen sein, dies erkennt man an der UN-Codierung oder an dem Verpackungssymbol „Vereinte Nationen“ (Abb. 143). Der verwendete Kombikanister sollte auch immer die Gefahrstoffkennzeichnung nach Gefahrstoffverordnung besitzen. Ferner dürfen Sie den Kombikanister nicht mit einem Einfüllstutzen oder einer Tankhilfe transportieren, sondern nur mit dem Originalverschluss (Abb. 144). Der Kombikanister muss im Kofferraum oder auf dem Hänger beim Transport auf öffentlichen Straßen immer fixiert werden (Abb. 145). Auch das Werkzeug sollte auf der Ladefläche durch Spanngurt und Transportnetz fixiert sein. Mit einer Transportbox können Sie Treibstoff und Werkzeug sicher transportieren (Abb. 146).

Abb. 143. Kanister müssen für Kraftstoffe zugelassen sein.

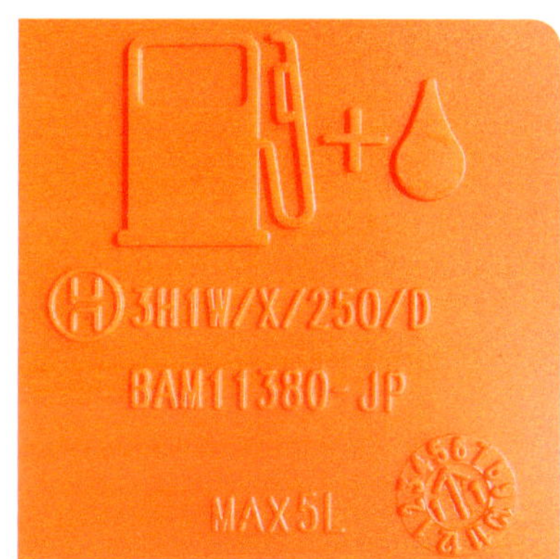

Abb. 144. Kein Transport mit Einfüllstutzen oder Tankhilfe.

Abb. 145. Kanister müssen beim Transport gut fixiert sein.

Abb. 146. Für Treibstoff und Werkzeug gibt es geeignete Transportboxen.

8.6 Richtiges Verhalten bei Unfällen

Unfallereignisse sind immer eine Extremsituation. Deshalb sollten Sie sich vor Arbeitsbeginn Zeit nehmen und überlegen, welche Maßnahmen Sie im Notfall treffen müssen. Führen Sie gefährliche Arbeiten nie allein durch und nehmen Sie einen Verbandskasten mit in den Wald. Von der Firma Aspen beispielsweise gibt es einen Kombikanister mit Verbandskasten (Abb. 147).

Wenn bei der Waldarbeit ein schwerer Unfall passiert und Sie allein sind, haben Sie je nach Schwere des Unfalls fast keine Möglichkeit, die Rettungskette in Gang zu setzen (Notruf absetzen, Sofortmaßnahmen am Unfallort). Bei zwei Beschäftigten können sofort nach einem schweren Unfall der Notruf abgesetzt und die Sofortmaßnahmen beim Verletzten durchgeführt werden.

Zu den Sofortmaßnahmen gehören die stabile Seitenlage bei Bewusstlosigkeit, Verband anlegen bei Blutungen, Schockbekämpfung (Beine hochlagern) und auch Wiederbelebungsmaßnahmen. In dieser Situation kann es dann nur schwierig werden, wenn der Unfallort im Wald von den Rettungskräften nicht allein gefunden wird. Dann müssen Sie in der Lage sein, den Rettungsdienst über Handy an den Unfallort zu lotsen oder die Entscheidung treffen, ob Sie den Verletzten allein lassen können, um den Rettungsdienst zu holen.

Diese Probleme treten bei drei Personen bei der Waldarbeit nicht auf, da einer bei dem Verletzten bleiben kann und die Sofortmaßnahmen am Unfallort durchführt. Die dritte Person setzt den Notruf ab, fährt zum Rettungstreffpunkt und holt dort die

Abb. 147. Alles im Griff: Kombikanister und Verbandskasten.

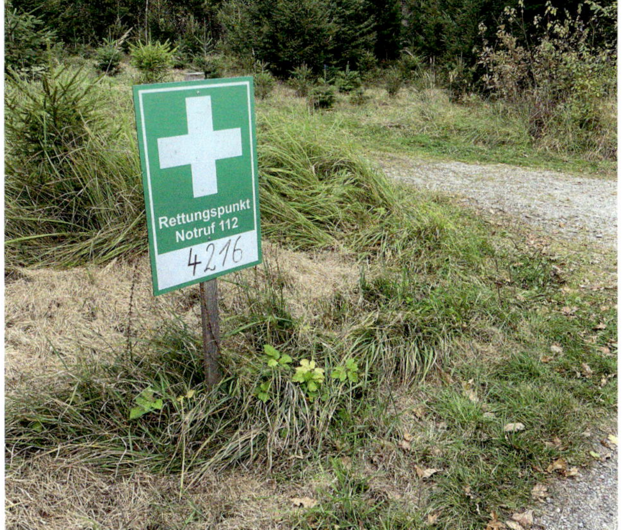

Abb. 148. Definierte Rettungspunkte können von den Rettungsdiensten leicht angefahren werden.

Abb. 149. Für Sofortmaßnahmen immer am Mann: mindestens ein Forstverbandspäckchen und eine Rettungsdecke.

Rettungskräfte ab. Wählen Sie daher den Rettungstreffpunkt so, dass dieser eindeutig von den Rettungskräften zu finden ist (zum Beispiel postalische Adresse) oder Sie verwenden die Rettungstreffpunkte der Forstverwaltungen, wenn diese von der Lage her zu Ihrem Wald passen. Diese haben den Vorteil, dass sie bei den Rettungsleitstellen bekannt sind. Wenn Sie unter: www.kwf-online.de bei der Suchfunktion „Rettungspunkte" eingeben, können Sie unter „Rettungspunkte-Übersicht" die aktuelle Karte aufrufen (Abb. 148).

Finden Sie keinen geeigneten Rettungspunkt, müssen Sie für Ihr Waldstück einen eigenen Rettungspunkt suchen. Dieser sollte für Rettungskräfte einfach zu finden sein, hat am besten eine postalische Adresse und ist nicht allzu weit von Ihrem Waldstück entfernt.

Bei winterlichen Verhältnissen sollte die Zufahrt zu Ihrem Waldstück geräumt beziehungsweise bei Glatteis gestreut sein. Vermeiden Sie steile und abschüssige Waldwege als Zufahrt, damit die Rettungskräfte problemlos und schnellstmöglich zur Rettung in den Wald fahren können.

Der Notruf wird über die 112 abgesetzt. Auch wenn Sie kein Mobilfunknetz haben, funktioniert diese Nummer. Die Rettungsleitstelle nimmt den Notruf entgegen oder leitet ihn an die zuständige Rettungsleitstelle weiter. Dies passiert dann, wenn Sie an Kreisgrenzen oder Landesgrenzen Ihren Waldbesitz haben. Bei einer Rettungsübung lässt sich dies ohne Stress in Erfahrung bringen.

Anhand der fünf „W"-Fragen werden Sie von der Rettungsleitstelle befragt, damit sich die Rettungskräfte ein Bild von dem Verunfallten und der Situation machen und sich auf den Notfall vorbereiten können. Und das sind die fünf „W"-Fragen:

- Wo ist der Unfall/Notfall? (Beschreiben Sie die Lage genau, damit eventuell weitere Rettungskräfte wie Feuerwehr oder Bergwacht zur Bergung alarmiert werden können).
- Was ist passiert?
- Wie viele Personen sind verletzt?
- Welche Verletzungen hat der Verunfallte?
- Warten – die Rettungsleitstelle beendet das Gespräch.

Auch die Sofortmaßnahmen sollten am Unfallort regelmäßig geübt und aufgefrischt werden. Denn der letzte Rotkreuzkurs liegt meist länger zurück als man denkt. Das Deutsche Rote Kreuz bietet eine App zum Download an, die wichtige und hilfreiche Informationen zum Bereich Erste Hilfe enthält. In der Kategorie „Mein kleiner Lebensretter" sind viele wichtige Punkte zu Sofortmaßnahmen am Unfallort enthalten und beschrieben.

- Um bei einem Unfall Sofortmaßnahmen durchführen zu können, muss jeder Waldarbeiter mindestens ein Forstverbandspäckchen und eine Rettungsdecke am Mann mitführen. Denn bis der Verbandskasten (DIN 13157 C) vom Auto oder Traktor geholt ist, dauert es je nach Entfernung eine Weile. Das Verbandsmaterial (Kasten) sollte regelmäßig auf Vollständigkeit und Haltbarkeit kontrolliert werden (Abb. 149).

9 Fälltechnik

9.1 Vorbereitung der Fällung

Bevor mit der Fällarbeit begonnen wird, muss der zu fällende Baum genau begutachtet werden.

9.1.1 Die Baumbeurteilung

Suchen Sie den zu fällenden Baum auf und legen Sie Ihr Werkzeug entgegen der groben Fällrichtung ab. Stellen Sie als nächstes fest, welche Einflüsse bei der Fällung eine Rolle spielen. Wichtig sind dabei folgende Punkte:

- Die Baumhöhe ist ausschlaggebend für den Gefahrenbereich und den Aufschlagpunkt der Krone. Daraus ergeben sich Absperrmaßnahmen für Straßen, Waldwege und Gefahren für Stromleitungen, Bahnlinien, Zäune.
- Ist bei der Baumkrone die Gewichtsverteilung gleichmäßig oder weist der Baum einen Zwiesel auf? Durch eine veränderte Fällrichtung können eine Gefährdung für den Motorsägeführer bei der Fällung und ein Holzverlust vermieden werden (Abb. 150).
- Liegt beim Stammverlauf der Schwerpunkt außerhalb des Stammfußes in Fällrichtung, so spricht man von einen Seit-, Vor- oder Rückhänger (Abb. 151) siehe auch Kap. 10.
- Der Gesundheitszustand des Baumes am Stammfuß gibt Hinweise auf Fäll- oder Rückeschäden. Am Stamm kann es auch Beschädigungen von Spechtlöchern und Faulstellen geben. Deshalb dürfen Sie die Wurzelanläufe nicht vor dem Fällen beischneiden, wenn Verdacht auf eine Stammfäule besteht (Abb. 152).
- Der Stammdurchmesser (Abb. 153) gibt Aufschluss über die Fälltechnik, die Sie anwenden sollten und welche Motorsägenschienenlänge Sie benötigen. Dabei gilt die Faustregel: Schienenlänge mal zwei ergibt den maximalen Stammdurchmesser.
- Dürre Äste und abgebrochene Kronenteile, die in der Krone hängen, können beim Keilen und beim Fallen des Baumes plötzlich herunterfallen. Dies kann für die Personen, die mit der Fällung beschäftigt sind, sehr gefährlich werden (Abb. 154).

Abb. 150. Zwieselwuchs verlangt nach einer anderen Fälltechnik und Fällrichtung.

Abb. 151. Durch Seitenneigung verändert sich die Schwerpunktlage des Baumes.

Abb. 152. Wurzelanläufe nicht vor dem Fällen beischneiden.

Abb. 153. Der Stammdurchmesser hat Einfluss auf die Fälltechnik und die erforderliche Schienenlänge der Motorsäge.

Abb. 154. Nicht immer sind die Sichtverhältnisse so, dass in der Krone hängende Äste sofort erkannt werden können.

Generell muss bei der Beurteilung zwischen Laub- und Nadelholz unterschieden werden. Beim Laubholz liegen rund 60 Prozent des Baumgewichtes in der Krone, bei Nadelholz sind es nur rund 40 Prozent. Die Kronen im Laubholz sind deutlich größer als im Nadelholz. Das Laubholz wirft das Totholz ab, das Nadelholz hält es. Im belaubten Zustand ist eine Baumbeurteilung beim Laubholz sehr schwierig.

Stellen Sie bei der Baumbeurteilung fest, dass der Baum Schwierigkeiten aufweist, so müssen Sie die Fällrichtung und Fälltechnik den Schwierigkeiten anpassen. Eventuell müssen Sie solche Bäume mithilfe einer Seilwinde fällen.

9.1.2 Die Fällschneise

Die Fällschneise ist der Bereich, in den der zu fällende Baum hineinfällt (Abb. 155). Folgende Punkte sind dabei zu beachten:

- Hat der zu fällende Baum ausreichend Platz, damit er gefahrlos fallen kann?,
- steht er ohne in Schwung zu kommen an den Kronen der Nachbarbäume an?,
- fällt er in einen Baum, der einen Zwiesel hat, und bleibt in ihm hängen?,
- reißt er einen anderen Baum mit? und
- befinden sich eventuell Totholz oder andere Hindernisse in der Fällschneise (Blocküberlagerung, Zäune, ...)?

Aus der Baumbeurteilung und der Beurteilung der Fällschneise ergibt sich die genaue Fällrichtung. Es ist also immer wichtig, dass Sie vor jeder Fällung eine genaue Beurteilung von Baum beziehungsweise Fällschneise vornehmen, um Gefahren und Hindernisse frühzeitig zu erkennen.

Abb. 155. Blick in die Fällschneise: Reicht der Raum für eine sichere Fällung?

Abb. 156 und 157. Alle Stolperfallen und Bewuchs, der die Arbeit behindern könnte, werden beseitigt.

9.1.3 Den Arbeitsplatz freiräumen

Räumen Sie den Arbeitsplatz so frei, dass Sie gefahrlos arbeiten können. Dabei sollten Sie Hindernisse wegräumen und Sträucher wegsägen, die Sie beim Arbeiten stören (Abb. 156 und Abb. 157).

9.1.4 Rückweiche und Rückweicheplatz

Räumen Sie die Rückweiche so frei, dass Sie gefahrlos und schnell zurücktreten können. Legen Sie den Rückweicheplatz fest. Er sollte immer außerhalb der Kronenprojektion liegen und zwar in der Ebene schräg-seitlich und am Hang parallel (Laubholz: 6,0 bis 10,0 m, Nadelholz: 4,0 bis 6,0 m, siehe Abb. 158).

9.1.5 Der Achtungsruf

Vor Beginn des Fällschnittes erfolgt der erste Achtungsruf durch den Motorsägenführer und ein Rundumblick (360 Grad). Der zweite Achtungsruf mit nochmaligem Rundumblick erfolgt vor dem Durchtrennen der Stützleiste, solange der Baum noch sicher steht. Beim Achtungsruf ist es immer sinnvoll, zuerst Achtung zu rufen und dann den Rundumblick zu machen. Des Weiteren sollten Sie dies nicht mit laufender Motorsäge und heruntergeklapptem Gehörschutz machen, damit Sie gehört werden, beziehungsweise Sie hören können, wenn sich jemand bemerkbar macht.

9.2 Sichere Bestandspflege

Auch bei der Bestandspflege, also dem Fällen von Bäumen bis etwa 15 cm Brusthöhendurchmesser (gemessen auf 1,30 m Höhe), passieren immer wieder Unfälle. Meistens sind es Schnittverletzungen an Händen und Beinen. Außerdem können zurückschnellende und unter Spannung stehende Äste und Zweige zu Kopf- und Augenverletzungen führen. Je nach Jahreszeit kommen auch Verletzungen oder Krankheiten durch Insekten vor.

Zu den Ursachen dieser Verletzungen zählen vor allem:

- Unterschätzen der Gefahren bei der Jungbestandspflege,
- wenig Kenntnisse über geeignete Schnitttechniken,

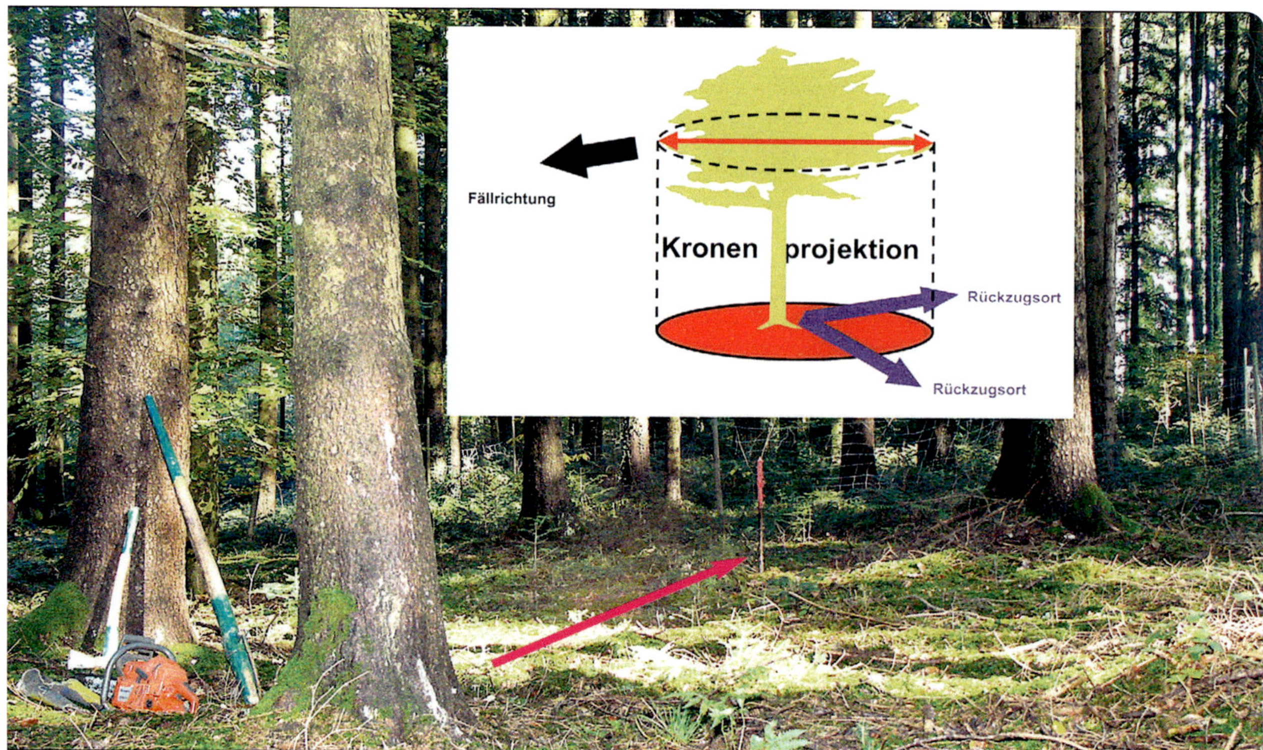

Abb. 158. Die Rückweiche befindet sich außerhalb des Kronenraumes und entgegengesetzt zur Fällrichtung.

- die Übungsschwelle ist nicht erreicht,
- falsche Geräteauswahl (zu schwere Motorsäge mit zu langer Schiene),
- zu geringe Sicherheitsabstände zu Arbeitskollegen, Straßen, Wege, ...,
- hastiges, unkontrolliertes Arbeiten mit der Motorsäge,
- Stolpern, Ausrutschen, Hängenbleiben an Gestrüpp, Dornen und Schlinggewächsen,
- schwierige Begehbarkeit der Fläche,
- hohe körperliche Belastung durch Abtragen der Stämme und langes Tragen der Motorsäge,
- hohe Abgasbelastung in dichten Fichtenbeständen und
- Weglassen der persönlichen Schutzausrüstung.

Nehmen Sie daher die Bestandspflege/Jungbestandspflege mit ihren vielen Gefahren nicht auf die leichte Schulter. Viele Verletzungen lassen sich recht einfach vermeiden, indem Sie immer die komplette persönliche Schutzausrüstung tragen. Führen Sie die Bestandspflege/Jungbestandspflege mit einer leichten Motorsäge mit kurzer Schiene durch und sägen Sie so viel wie möglich mit einlaufender Kette. Durch das Verwenden von Sonderkraftstoff ist die Schadstoffbelastung für den Motorsägenführer geringer, vor allem in dichten Nadelholzbeständen.

Achten Sie beim Gehen im Bestand darauf, wohin Sie treten, um Gefahren frühzeitig zu erkennen. Wichtig ist auch, dass Sie die Motorsäge beim Gehen von Baum zu Baum ausschalten oder die Kettenbremse einlegen. Wählen Sie beim Sägen einen sicheren Standplatz aus und führen Sie keine Schnitte über Schulterhöhe aus. Beurteilen Sie jede Situation neu, bevor Sie sägen und prüfen Sie die Umgebung ganz genau, vor allem, ob Äste oder Zweige unter Spannung stehen.

Wie bei der Holzernte müssen Sie auch bei der Bestandspflege/Jungbestandspflege den Arbeitsplatz sorgfältig aufräumen und den Baum richtig beurteilen. Die Bestandspflege und die Jungbestandspflege gehört zu den gefährlichen Arbeiten, also dürfen Sie diese nicht in Alleinarbeit durchführen. Nachfolgend werden nun verschiedene Techniken zum Fällen und Zufallbringen in der Bestandspflege/Jungbestandspflege vorgestellt. Die jeweilige Situation gibt die Schnitttechnik vor.

9.2.1 Fällen mit dem Schrägschnitt

Der Schrägschnitt eignet sich zur Fällung von schwächeren, senkrecht stehenden Bäumen in der Ebene und am Hang. Halten Sie die Säge im rechten Winkel zur Fällrichtung und setzen Sie den Fällschnitt mit einlaufender Kette in einem Winkel von etwa 30 Grad an. Dabei ist die Fällrichtung in Winkelöffnung (Abb. 159). Am Anfang vom Fällschnitt schaut die Schiene über den Durchmesser des Baumes hinaus, im weiteren Verlauf zieht der Motorsägeführer die Schiene in den Stamm hinein (Abb. 160) und durchtrennt den Rest des Stammes. Sobald der Rest durchtrennt ist, kann der Stamm auf der Schiene vom Stock rutschen. Zieht man die Schiene beim Durchtrennen nicht in den Stamm hinein, kann es passieren, dass die Schiene durch das Abrutschen verbogen wird.

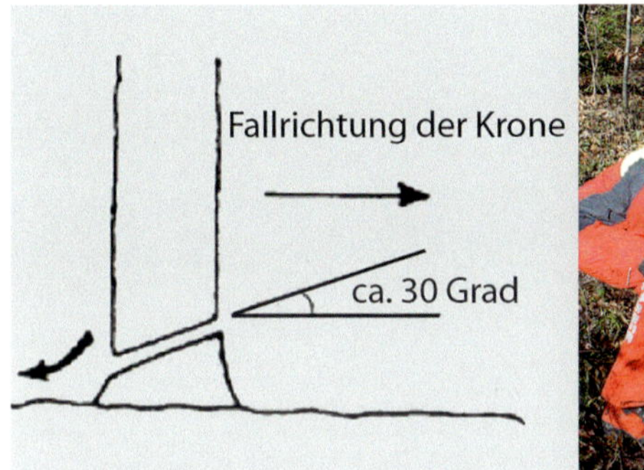

Abb. 159. Der Schrägschnitt wird zum Fällen schwächerer Bäume verwendet und mit einlaufender Kette angesetzt.

Abb. 160. Nach dem Ansetzen wird die Schiene in den Stamm gezogen.

9.2.2 Fällen mit dem Führungsband

Die Fällung mit dem Führungsband eignet sich sowohl am Hang als auch auf der Ebene, um eine gezielte Fällung in eine Bestandslücke durchzuführen. Bei stärkeren Bäumen über 20 cm Stockdurchmesser müssen Sie immer einen Fallkerb anlegen. Stehen Sie im rechten Winkel zur Fällrichtung. Dabei wird mit einlaufender Kette gesägt. Die Führungsbandstärke ist abhängig vom Stockdurchmesser und Hang des Baumes (Abb. 161). Dies können Sie nur durch eine genaue Baumbeurteilung feststellen. Wenn sich der Baum in die gewünschte Richtung neigt, treten Sie auf die Rückweiche zurück.

9.2.3 Fällen durch Abstocken

Finden Sie im Bestand keine Lücke, um den Baum zu Fall zu bringen, sollten Sie den Baum abstocken. Diese Schnitttechnik können Sie bei senkrecht stehenden oder schwach geneigten Bäumen anwenden. Auch hier müssen Sie im rechten Winkel zur Fällrichtung stehen. Der Fällschnitt beginnt von der Zugseite her mit einlaufender Kette in einem Win-

Abb. 161. Die Führungsband-Fällung ermöglicht eine gezielte Fällrichtung. Der Fällschnitt wird mit einlaufender Kette geführt.

Abb. 162. Beim Abstocken beginnt der Fällschnitt auf der Zugseite im 45 Grad-Winkel. Der erste Schnitt wird mit einlaufender Kette und Vollgas geführt.

kel von etwa 45 Grad (Abb. 162). Führen Sie diesen Schnitt zügig und mit Vollgas durch. Achtung: Beim Abrutschen des Baumes kann der Motorsägeführer vom Baum selbst oder durch tief angesetzte Äste getroffen werden. Daher mit ausgestreckten Armen sägen und nicht zu nah am Baum stehen.

Achten Sie beim Zufallbringen beziehungsweise beim Abtragen von leichten Bäumen darauf, dass Sie Ihren Rücken gerade halten und den Stamm mit beiden Händen abtragen. Ist der Baum zu schwer zum Abtragen, können Sie ihn auch abklotzen. Die Schnittführung sollte nicht über Hüfthöhe gehen und der Stamm unter 15 cm Brusthöhendurchmesser haben. Der erste Schnitt wird auf der Druckseite mit einlaufender Kette geführt und durchtrennt etwa ein Drittel vom Stammdurchmesser (Abb. 163). Der zweite Schnitt wird von der Zugseite mit auslaufender Kette geführt und durchtrennt den Stamm. Dabei müssen sich beide Schnitte treffen. Rechnen Sie damit, dass der Stamm vorzeitig brechen kann.

Abb. 163. Beim Abklotzen wird von der Druckseite her der erste Schnitt etwa in Hüfthöhe geführt.

9.2.4 Zufallbringen mit dem Klappschnitt

Der Klappschnitt wird beim Zufallbringen senkrecht stehender Bäume angewandt. Sie stehen beim Sägen wieder im rechten Winkel zur Fällrichtung. Die Schnitthöhe darf nicht höher als die Leistenbeuge des Sägeführers sein, denn dort hört die Schnittschutzeinlage der Hose auf. Der erste Schnitt wird mit auslaufender Kette geführt, er ist der untere Schnitt, gibt die Druckrichtung an und ist rund zwei Drittel vom Stammdurchmesser tief (Abb. 164). Der zweite Schnitt wird mit einlaufender Kette geführt, er ist mindestens drei Fingerbreit höher als der erste Schnitt und ein Drittel vom Stammdurchmesser tief. Wichtig ist, dass sich beide Schnitte überlappen. Jetzt können Sie den Baum vom Schnitt zwei her umdrücken, dabei löst er sich aus dem Kronenbereich der anderen Bäume (Abb. 165). Drücken Sie oberhalb von Schnitt zwei, damit Sie sich nicht die Hand einklemmen. Achtung: Der Baum fällt beim Drücken um.

Durch die Anwendung der jeweils richtigen Schnitttechnik und eine umsichtige Arbeitsweise können Sie schwere Verletzungen vermeiden.

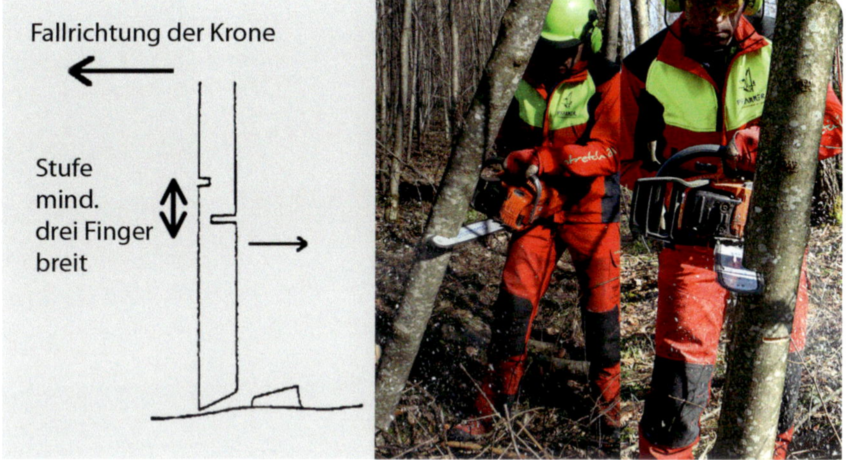

Abb. 164. Der Klappenschnitt wird von der Druckseite her mit auslaufender Kette begonnen. Der zweite Schnitt wird höhenversetzt von der Gegenseite geführt.

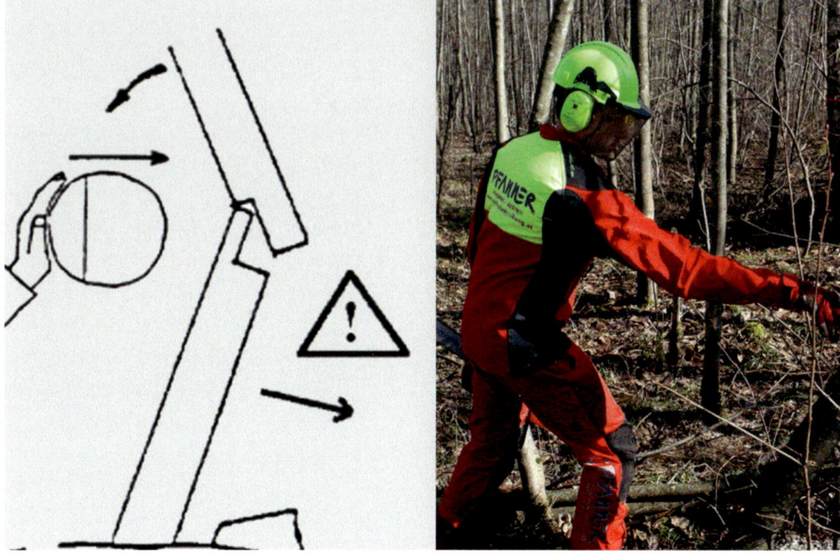

Abb. 165. Von Schnitt zwei her kommend wird der Baum umgedrückt. Um ein Einklemmen der Hand zu vermeiden, unbedingt oberhalb des Schnittes zwei ansetzen.

Abb. 166. Mit dem Rücken zur Fällrichtung beginnt die Stehendentastung in Augenhöhe.

Abb. 167. Nach dem Kontaktschnitt befindet sich der Baum zwischen Säge und Motorsägenführer.

9.3 Die Schwachholzfällung

Beim Fällen von Schwachholz (15 bis 25 cm Brusthöhendurchmesser, ermittelt bei einer Höhe von 1,30 m), gibt es oft Schwierigkeiten, die sich mit der richtigen Arbeitstechnik reduzieren lassen.

Häufig ist der zu fällende Baum bis zum Boden beastet und man kommt nur sehr schwer an den Stamm heran. Die Bestände sind noch sehr dicht, dadurch ist die Lücke im Kronendach sehr klein. Für Fallkerbanlage (ein Viertel bis ein Fünftel des Stammdurchmessers), Bruchleiste (ein Zehntel des Stammdurchmessers) und Fällschnitt ist durch den geringen Durchmesser des zufällenden Baumes sehr wenig Platz. Daher ist es schwierig, den Keil früh genug im Fällschnitt zu setzen. Schnell hat dann der Fällschnitt „zugemacht“, beziehungsweise wird die Motorsägenschiene mit dem Keil festgeklemmt. Deshalb sollten Sie im Schwachholz die „zwei Drittel Fälltechnik“ anwenden.

Und so sollten Sie vorgehen:

Beginnen Sie zuerst mit der Baumbeurteilung, der Beurteilung der Fällschneise, Rückweiche und Arbeitsplatzvorbereitung (siehe Kap. 9.1.1 bis Kap. 9.1.4).

Wenn Sie die genaue Fällrichtung festgelegt haben, beginnen Sie mit der Stehendentastung. Dabei stehen Sie mit dem Rücken zur Fällrichtung (Abb. 166). Sie sollten die Arme ausgestreckt, die Handgelenke gerade halten und dabei noch einen breiten sicheren Stand einnehmen.

Sie beginnen mit der Stehendentastung auf Augenhöhe immer von oben nach unten, das heißt, Sie sägen mit einlaufender Kette und unterstützt vom Gewicht der Motorsäge geht es nach unten. Dieser erste Schnitt wird als Kontaktschnitt bezeichnet. Sollte es unverhofft zu einem Rückschlag der Motorsäge kommen, geht durch die ausgestreckten Arme die Motorsägenschiene am Kopf vorbei. Dabei befindet sich nach dem Kontaktschnitt immer der Baum zwischen Motorsägenführer und Motorsäge (Abb. 167).

Jetzt haben Sie den Baum einmal entgegen dem Uhrzeigersinn entastet und stehen mit dem Blick zur Fällrichtung (Abb. 168). Sollten Sie vor der Fallkerbanlage die Wurzelanläufe beisägen, beginnen Sie

Abb. 168. Nach Abschluss des Entastens blickt der Sägenführer in Fällrichtung.

Abb. 169. Durch Peilen über die Visierlinie der Säge wird der Dachschnitt angesetzt.

Abb. 170. Nach dem Sohlenschnitt wird die Fällrichtung nochmals kontrolliert.

immer mit dem senkrechten Schnitt und dann mit dem waagrechten Schnitt. Wichtig dabei ist, dass sich beide Schnitte treffen. Peilen Sie über die Visierlinie an der Motorsäge die genaue Fällrichtung an und beginnen zuerst mit dem Dachschnitt (Abb. 169). Der Fallkerbdachwinkel beträgt etwa 70 bis 80 Grad und der Motorsägenführer stützt sich während des Sägens am stehenden Baum ab.

Der zweite Schnitt ist dann der Sohlenschnitt. Dabei ist es wichtig, dass sich beide Schnitte treffen. Überprüfen Sie nach der Fallkerbanlage nochmals die Fällrichtung (Abb. 170). Bevor Sie mit dem Fällschnitt beginnen, kommt der erste Achtungsruf mit Rundumblick. Dann wird der Fällschnitt mit auslaufender Kette in kniender Position auf zwei Drittel des Stammdurchmessers geführt (Abb. 171). Achten Sie darauf, dass Sie mit dem linken Knie auf dem Boden sind. Wenn es zu einem Kick-back kommt, ist so das linke Bein nicht im Schwenkbereich der Motorsägenschiene.

Abb. 171 Mit auslaufender Kette wird der Stamm zu zwei Drittel eingesägt.

Abb. 172. Fällhilfen gibt es in zwei Größen. Sie sind für Stämme bis 25 cm Brusthöhendurchmesser zugelassen.

Abb. 173. Das letzte Stammdrittel wird schräg von oben durchtrennt.

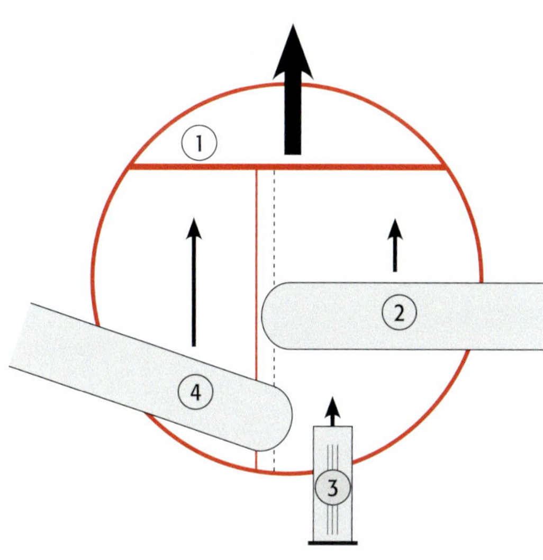

Abb. 174. Am Stockbild zeigt sich, ob die Schnitttechnik richtig durchgeführt wurde. Die Zeichnung zeigt die Schnitt- und Arbeitsreihenfolge: 1 Fallkerbanlage, 2 erster Fällschnitt 2/3, 3 Fällhilfe, 4 versetzter Fällschnitt 1/3.

Wenn Sie eine Fällhilfe dabei haben, stecken Sie diese jetzt in den zwei Drittel-Fällschnitt. Achten Sie darauf, dass die Fällhilfe richtig sitzt. Im Handel gibt es eine kleine Fällhilfe mit 80 cm Länge und eine große Fällhilfe mit 130 cm Länge (Abb. 172 + 173). Beide sind laut Unfallverhütungsvorschrift (UVV) als Fällhilfen bis 25 cm Brusthöhendurchmesser und zum Wenden bis 35 cm zugelassen. Des Weiteren ist es wichtig, dass Sie mit geradem Rücken und aus den Oberschenkeln heraus den Baum umdrücken/hebeln. Besitzen Sie keine Fällhilfe, können Sie auch ohne Weiteres einen Keil in den zwei Drittel Fällschnitt hineinschlagen. Jetzt kommt der zweite Achtungsruf mit Rundumblick. Der Fällschnitt darf aber nicht im gleichen Schnitt weitergeführt werden. Laut UVV darf die Fällhilfe, die aus Eisen ist, nicht auf die Motorsägenkette treffen. Das verbliebene Drittel Holz wird in einem versetzten Schnitt schräg von oben bis an die Bruchleiste durchtrennt (Abb. 173). Die zwei Schnitte sollen sich etwas überlappen, damit die Fasern durchtrennt sind. Dann wird der Baum umgedrückt/gehebelt oder gekeilt. Wenn der Baum fällt, schnell zurücktreten und vom Rückweicheplatz aus nach oben schauen, bis die Kronen ausgeschwungen haben.

Auch im Schwachholz ist es wichtig, dass Sie die Bruchleiste und Bruchstufe sauber ausformen, und zwar jeweils ein Zehntel des Baumdurchmessers.

Kontrollieren Sie zum Schluss, ob alle Maße stimmen (Abb. 174):

- Fallkerbtiefe (1/5 bis 1/4 des Stammdurchmessers)
- Bruchleiste (1/10)
- Bruchstufe (1/10)
- erster Fällschnitt (2/3)
- zweiter Fällschnitt (1/3).

9.4 Fällen von mittelstarkem bis starkem Holz

9.4.1 Das Stützband bietet Sicherheit

Mit einem Stützband können Sie die Bruchleiste sauber ausformen, rechtzeitig auf den Rückweicheplatz zurücktreten und es bietet Ihnen Sicherheit bei unklarer Gewichtsverteilung. Bei Laubholz bleibt außerdem der Wert erhalten.

Neben Ihrer Säge sollten Sie Spaltaxt, Keiltasche und Wendehaken dabei haben. Legen Sie Ihr Werkzeug entgegen der groben Fällrichtung ab.

Beurteilen Sie den Baum, die Fällschneise, die Rückweiche und bereiten Sie Ihren Arbeitsplatz vor (Kap. 9.1.1 bis Kap. 9.1.4).

Sägen Sie Wurzelanläufe immer in Fällrichtung bei und beginnen Sie, bezogen auf die Fällrichtung, auf der rechten Seite. Die Schienenspitze zeigt dabei in Fällrichtung (Abb. 175).

Führen Sie jetzt den Sohlenschnitt rechtwinklig zum Wurzelanlauf in Fällrichtung durch. Für die Schnittiefe gilt: ein Viertel bis ein Drittel des Baumdurchmessers, zeichnen Sie die Maße am besten vorher am Stamm ein (Abb. 176). Kontrollieren Sie beim Sohlenschnitt die Fällrichtung über die Visierlinie der Motorsäge (Abb. 177).

Wenn Sie Markierstöckchen nutzen, können Sie das Fallkerbdach in einem Winkel von 45° bis 60° sauber heraussägen (Abb. 178). Das erhöht die Treffgenauigkeit. Formen Sie die Fallkerbsehne sauber aus, dann fällt der Baum wie geplant (Abb. 179).

Überprüfen Sie die Fällrichtung mit einem Meterstab oder mit Ihren Armen und korrigieren Sie, wenn nötig (Abb. 180). Zeichnen Sie dann auf der linken Seite die Stützleiste an (Abb. 181). Im nächsten Schritt zeichnen Sie die Bruchleiste und den Fällschnitt an. Der Fällschnitt sollte über die ganze Länge angezeichnet sein (Abb. 182). Jetzt ist es Zeit für den ersten Achtungsruf mit Rundumblick (360°).

Beginnen Sie den Fällschnitt auf der linken Seite mit einlaufender Kette, stechen mit der Schienenspitze auf die rechte Seite durch (Abb. 183, Zeichnung, S. 79, Punkt 2) und formen die Stützleiste mit auslaufender Kette nach hinten aus. Nach dem Ausformen der Stützleiste wird jetzt in Fallrichtung mit einlaufender Kette die Bruchleiste ausgeformt (Abb. 184, Zeichnung Punkt 2). Wird ein Meterstab in den Fallkerb gelegt, können Sie parallel zur Fallkerbsehne die Bruchleiste ausformen.

Abb. 175. Die Fällrichtung wird über die Schiene anvisiert. Danach erfolgt in Fällrichtung rechts beginnend das Beisägen der Wurzelanläufe.

Als nächstes sägen Sie den Fällschnitt auf der rechten Seite mit auslaufender Kette fertig und formen dabei die Bruchleiste aus, ohne dass sich der Baum bewegt (Abb.184, Zeichnung Schritt 3).

Setzten Sie jetzt den Stützkeil (Abb. 185, Zeichnung Punkt 4). Achten Sie darauf, dass Sie den Keil so setzen, dass der Fällschnitt offen bleibt und beim Durchtrennen der Stützleiste nicht mit der Motorsägenschiene berührt wird. Nun folgt der zweite Achtungsruf mit Rundumblick.

Die Stützleiste wird jetzt im Fällschnitt durchtrennt (Abb. 186, Zeichnung Schritt 5). Bei Bedarf müssen Sie noch einen zweiten Keil zum Umkeilen des Baumes setzen.

Dann können Sie den Baum umkeilen, sobald er knarrt oder sich bewegt. Treten Sie jetzt auf den Rückweicheplatz zurück. Beobachten Sie vom Rückweicheplatz aus den Kronenraum. Warten Sie ab, bis die Kronen in der Fällschneise ausgeschwungen haben.

Abb. 176. Aus dem Stammdurchmesser ergibt sich die Fallkerbtiefe. Sie wird mit dem Meterstab angezeichnet. Der Sohlenschnitt wird rechtwinklig zum Wurzelanlauf in Fällrichtung gesetzt. Schematisch die Regelfälltechnik mit ihren Maßen.

Abb. 177a. Über die Visierlinie der Motorsäge die Fällrichtung prüfen.

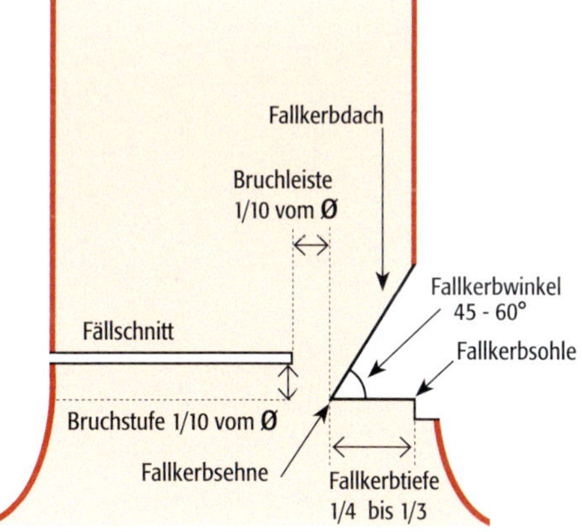

Abb. 177b. Die Regelfälltechnik mit ihren Maßen.

Abb. 178. Markierstöcke in der Sohle helfen beim Heraussägen des Fallkerbdachs.

Abb. 179. Die Fallkerbsehne muss sauber ausgeformt sein.

Abb. 180. Per Meterstab oder Händen wird die Fällrichtung nochmals überprüft.

Abb. 181. Auf der linken Stammseite wird die Stützleiste angezeichnet.

Abb. 182. Bruchleiste und Fällschnitt werden markiert.

Abb. 184. Formen Sie von der linken Seite kommend mit einlaufender Kette die Bruchleiste aus.

Abb. 185. Sägen Sie mit auslaufender Kette die rechte Seite fertig und formen Sie dabei das Stützband und die Bruchleiste aus.

Abb. 183. Stechen Sie mit der Schienenspitze auf die rechte Seite durch.

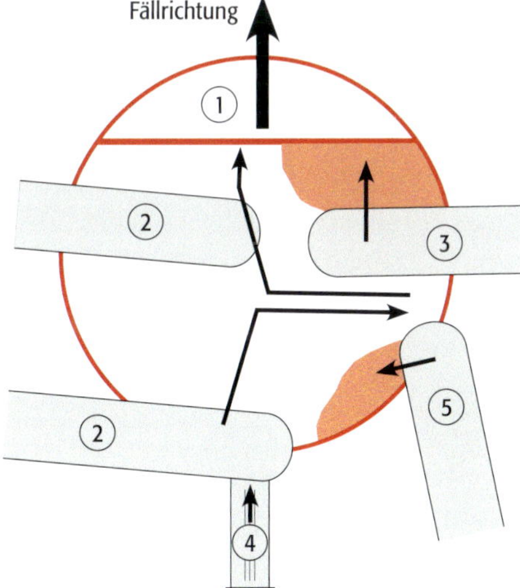

Abb. 186. Setzen Sie jetzt den Keil und trennen das Stützband mit einlaufender Kette durch. Die Zeichnung zeigt die Abfolge der Schnitte.

9.4.2 Fällen mit dem Herzstechschnitt

Beim Fällen von überstarken Bäumen kann es passieren, dass nach dem Fällschnitt im Herzbereich noch undurchtrenntes Holz stehen bleibt, weil die Wurzelanläufe nicht beigesägt wurden oder der Baumdurchmesser größer ist als die doppelte Schienenlänge. Bei solchen Bäumen sollte daher der Herzstechschnitt angewandt werden. Wie dabei vorzugehen ist, wird am Fällen einer gerade stehenden Fichte beschrieben.

Suchen Sie den zu fällenden Baum auf und legen Sie Ihr Werkzeug entgegen der groben Fällrichtung ab.

Beginnen Sie zuerst mit der Baumbeurteilung, der Beurteilung der Fällschneise, Rückweiche und Arbeitsplatzvorbereitung (siehe Kap. 9.1.1 bis Kap. 9.1.4).

Sägen Sie jetzt die Wurzelanläufe in Fällrichtung stammeben bei (Abb. 175). Damit die Fallkerbanlage einfacher geht, ist es besonders wichtig, den Wurzelanlauf beizusägen, in den die Fallkerbanlage hineinkommt.

Mit dem Meterstab können Sie jetzt die Fallkerbtiefe und die genaue Fällrichtung festlegen und danach anzeichnen. Die Fallkerbgröße sollte ein Viertel bis ein Drittel des Stammdurchmessers (Abb. 176) betragen. Nun führen Sie den Fallkerbsohlenschnitt bis zu Ihrer Markierung durch.

Als nächstes kommt der Fallkerbdachschnitt, den Sie mithilfe von Markierstöcken (im Foto eingefärbt) in der Sohle in einem Winkel von 60 Grad heraussägen (Abb. 178). Hören Sie dabei mit dem Dachschnitt etwas oberhalb der Markierstöcke auf, zu sägen und schlagen den Fallkerb mit einer Spaltaxt heraus. Jetzt sehen Sie den genauen Faserverlauf (schräg oder gerade) und können die Fallkerbsehne sauber ausformen (Abb. 179). Nach der Anlage des Fallkerbs sollten Sie die Fällrichtung nochmals kontrollieren und gegebenenfalls korrigieren. Zeichnen Sie jetzt im Fallkerb links und rechts gleich große Scharniere an. Nun wird die Bruchleiste in Höhe des Fällschnittes vom Fallkerb aus bis hin zur linken und rechten Markierung durchtrennt. Dies nennt man dann den Herzstechschnitt (Abb. 187).

Zeichnen Sie jetzt die Bruchleiste und den Fällschnitt an, die jeweils ein Zehntel des Durchmessers betragen (Abb. 182). Vergessen Sie nicht vor Beginn des Fällschnittes den ersten Achtungsruf und einen Rundumblick. Der Fällschnitt wird jetzt ein Zehntel des Durchmessers über der Fallkerbsohle geführt. Beginnen Sie auf der linken Seite mit einlaufender Kette, sägen Sie dabei zwei Schienenbreiten in den Stamm hinein und stechen dann mit der Schienenspitze auf die rechte Seite durch (Abb. 183). Wenn die Schienenspitze auf der rechten Seite herausgekommen ist, ziehen Sie diese wieder heraus. Dann wechseln Sie auf die rechte Seite und sägen mit auslaufender Kette die Seite fertig und formen dabei das Stützband und die Bruchleiste aus. Gehen Sie jetzt wieder auf die linke Seite und formen die Bruchleiste fertig aus, ohne dass sich der Baum bewegt. Solange der Baum noch sicher steht, folgt der zweite Achtungsruf mit Rundumblick. Setzen Sie den Keil und trennen das Stützband mit einlaufender Kette durch. Achten Sie darauf, dass Sie den Keil so setzen, dass der Fällschnitt offen bleibt. Je nach Bedarf werden jetzt noch weitere Keile gesetzt, um den Baum umzukeilen.

Abb. 187. Im Fallkerb jetzt links und rechts die Scharniere markieren und die Bruchleiste zwischen den Markierungen durchtrennen = Herzstechschnitt.

Wenn sich der Baum in Fällrichtung neigt, gehen Sie sofort auf die Rückweiche zurück, bis Sie außerhalb der Kronenprojektion stehen. Dort bleiben Sie so lange stehen, bis die Kronen in der Fällschneise ausgeschwungen haben. Jetzt können Sie

Abb. 188. Am Stammfuß erkennt man, dass die Schiene von beiden Seiten nicht komplett durchreicht und die Bruchleiste gleichmäßig sauber ausgeformt ist.

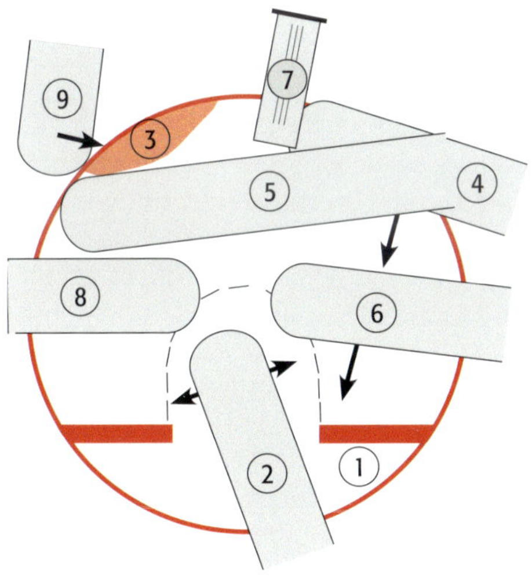

Abb. 189. Schnittfolge beim Herzstechschnitt.

am Stammfuß erkennen, dass die Schiene von beiden Seiten nicht komplett durchreicht (Abb. 188). Wenn Sie den Herzstechschnitt richtig ausgeführt haben, können Sie sehen, dass die Bruchleiste in Länge und Breite gleich ausgeformt und das Herz in der Mitte durchtrennt ist.

9.4.3 Laubholz hat seine Tücken

Laubholz ist meist schwieriger zu fällen als Nadelholz. Worauf es ankommt, wird am Beispiel einer Esche beschrieben.

Beim Laubholz liegt ein Problem darin, dass sich häufig die Krone teilt oder nicht gleichmäßig ausgeformt ist. Dadurch hängt der Baum immer in eine Richtung. Außerdem können sich in der Krone dürre Äste befinden, die man nur schwer erkennt. Ferner befinden sich über zwei Drittel des Gesamtgewichtes in der Krone und das Holz ist härter als Nadelholz. Daher ist es sinnvoll, Laubholz in unbelaubtem Zustand zu fällen.

Suchen Sie den zu fällenden Baum auf und legen Sie Ihr Werkzeug entgegen der groben Fällrichtung ab. Stellen Sie als nächstes fest, welche Einflüsse bei der Fällung eine Rolle spielen (siehe Kap. 9.1.). Beginnen Sie zuerst mit der Baumbeurteilung, der Beurteilung der Fällschneise, Rückweiche und Arbeitsplatzvorbereitung (siehe Kap. 9.1.1 bis Kap. 9.1.4).

Bei unserer Esche teilt sich die Krone auf etwa zehn Meter Höhe in zwei fast gleich große Stammteile (Abb. 190). Sie müssen jetzt die Fällrichtung

Abb. 190. Geteilte Kronen erschweren die Fällung.

so wählen, dass beide Stammteile gleichzeitig auf dem Boden aufkommen, um einen Wertholzverlust zu vermeiden. Durch diesen Zwiesel hängt der Baum auch in Fällrichtung etwas nach vorne (Vorhänger).

Befreien Sie nun den Stamm von Schmutz, damit die Schärfe der Kette erhalten bleibt, und sägen Sie die Wurzelanläufe in Fällrichtung stammeben bei (Abb. 175). Damit die Fallkerbanlage einfacher geht, ist es besonders wichtig, den Wurzelanlauf beizusägen, in den die Fallkerbanlage hineinkommt.

Mit dem Meterstab können Sie jetzt die Fallkerbtiefe und die genaue Fällrichtung festlegen und danach anzeichnen (Abb. 176). Die Fallkerbgröße sollte ein Viertel bis ein Drittel des Stammdurchmessers betragen. Nun führen Sie den Fallkerbsohlenschnitt bis zu Ihrer Markierung durch. Sie können auch während des Fallkerbsohlenschnitts immer wieder die Fällrichtung überprüfen, indem Sie über die Visierlinie auf der Motorsäge die Richtung überprüfen (Abb. 177).

Als nächstes kommt der Fallkerbdachschnitt, den Sie mithilfe von Markierstöcken in der Sohle in einem Winkel von etwa 60 Grad heraussägen. Hören Sie dabei mit dem Dachschnitt etwas oberhalb der Markierstöcke auf, zu sägen und schlagen den Fallkerb mit einer Spaltaxt heraus (Abb. 178). Jetzt sehen Sie den genauen Faserverlauf (schräg oder gerader Faserverlauf) und können die Fallkerbsehne sauber ausformen (Abb. 179). Ist der Faserverlauf schräg, so sollten Sie den Fallkerb auf jeden Fall größer machen, damit die Bruchleiste in die geraden Holzfasern kommt.

Nach der Anlage des Fallkerbs sollten Sie die Fällrichtung nochmals kontrollieren und gegebenenfalls korrigieren. Es gibt verschiedene Möglichkeiten, den Fallkerb zu kontrollieren:

- mit dem Meterstab,
- über die Visierlinie der Motorsäge und
- mit den Händen (Abb. 180).

Zeichnen Sie jetzt im Fallkerb links und rechts gleich große Scharniere an. Nun wird die Bruchleiste in Höhe des Fällschnittes vom Fallkerb aus zwischen den Markierungen durchtrennt. Dies nennt man den Herzstechschnitt (Abb. 187); siehe auch Kapitel 9.4.2. Beim Laubholz macht man in der Regel einen Herzstechschnitt und formt die Bruchleiste nicht zu breit aus (ein Zehntel des Durchmessers), damit es beim Fällen keinen Fällriss gibt. Dieser könnte den Stamm komplett spalten, erhöht dadurch die Unfallgefahr für den Sägeführer und führt zu einem Wertverlust beim Stammholz.

Zeichnen Sie jetzt Bruchleiste und Fällschnitt an, die jeweils ein Zehntel des Durchmessers betragen. Vergessen Sie nicht vor Beginn des Fällschnittes den ersten Achtungsruf samt Rundumblick. Der Fällschnitt wird jetzt ein Zehntel des Durchmessers über der Fallkerbsohle geführt. Beginnen Sie auf der linken Seite mit einlaufender Kette, sägen Sie dabei zwei Schienenbreiten in den Stamm hinein und stechen dann mit der Schienenspitze auf die rechte Seite durch und formen auf der linken Seite die Bruchleiste aus (Abb. 183).

Wenn Sie auf der linken Seite beginnen, können Sie viel mit einlaufender Kette sägen und dabei unter Mithilfe des Krallenanschlages kraftschonend arbeiten. Dann wechseln Sie auf die rechte Seite und sägen mit auslaufender Kette die rechte Seite fertig und formen dabei das Halteband und die Bruchleiste aus, ohne dass sich der Baum bewegt. Achten Sie immer darauf, dass die Motorsägenschiene parallel zur Fallkerbsehne herangeführt wird. Solange der Baum noch sicher steht, folgt der zweite Achtungsruf mit Rundumblick. Setzen Sie jetzt den Sicherungskeil und trennen das Halteband mit einlaufender Kette schräg von oben mit ausgestreckten Armen durch. Dieser Keil ist in diesem Fall wichtig, denn es kann sein, dass die Gewichtsverteilung doch nicht so ist, wie von Ihnen zuvor beurteilt.

Wenn sich der Baum in Fällrichtung neigt, gehen Sie sofort auf die Rückweiche zurück, bis Sie außerhalb der Kronenprojektion stehen. Dort bleiben Sie so lange stehen, bis die Kronen in der Fällschneise ausgeschwungen haben. Wenn Sie jetzt das Stockbild anschauen, können Sie selbst sehen, ob Ihre Baumbeurteilung richtig war und Sie die richtige Fälltechnik gewählt haben. Bei richtiger Ausführung des Herzstechschnitts sehen Sie, dass die Bruchleiste in Länge und Breite gleich ausgeformt ist und das Herz in der Mitte durchtrennt ist.

10 Umgang mit Problembäumen

Trotz genauer Beurteilung der Fällschneise und des zu fällenden Baumes kommt es vor, dass dieser hängen bleibt.

10.1 Wenn der Baum nicht fallen will

Verfängt sich der Baum in einem Zwiesel oder direkt in der Mitte der Krone, müssen Sie ihn in der Regel mithilfe einer Seilwinde herunterziehen. Um den Baum mit einem Wendehaken durch Drehen zu Fall zu bringen, wird die Bruchleiste durchtrennt. Geschieht dies auf ganzer Länge, kann es beim Herunterdrehen passieren, dass der Baum vom Stock rutscht, bevor er aus der aufhaltenden Krone herausgedreht ist. Durch das Herunterrutschen vom Stock wird das Drehen durch den weichen Waldboden und die Wurzelanläufe am Stock erschwert.

Um dieses Problem zu vermeiden, gibt es zwei verschiedene Sägetechniken, die jeweils für dieselbe Situation beschrieben werden. Die Ausgangslage: Der zu fällende Baum hängt auf der linken Seite der Krone des aufhaltenden Baumes (Abb. 191), das heißt, der Baum kann im Uhrzeigersinn aus der Krone herausgedreht werden.

10.1.1 Drehzapfen-Methode

Beim sogenannten Drehzapfen bleibt beim Durchtrennen der Bruchleiste in der Mitte etwa 5,0 cm Holz von der Bruchleiste stehen. Sie durchtrennen zuerst auf der linken Seite (Druckseite) in Fällrichtung mit einlaufender Kette die Bruchleiste. Dabei sollte zwischen Stamm und Stock ein Freiraum entstehen, damit das Herunterdrehen leichter geht (Abb. 192). Dann gehen Sie auf die rechte Seite (Zugseite) in Fällrichtung und gehen gleich vor wie auf der linken Seite. Dabei müssen Sie aufpassen, dass die Motorsägenschiene nicht eingeklemmt und der Drehzapfen nicht abgesägt wird. Es kommt gelegentlich vor, dass sich der Baum beim zweiten Schnitt (Zugseite) von alleine aus der aufhaltenden Krone herausdreht. Anderenfalls müssen Sie den Baum mit einem Wendehaken herausdrehen.

Dabei ist es wichtig, dass Sie immer am Wendehaken ziehen (Abb. 193, links) und den Wendehaken umhängen, bevor Sie unter den hängenden Baum kommen. Wenn der Baum sich aus der Krone herausdreht und ins Fallen kommt, lassen Sie den Wendehaken los (Abb. 193, Mitte), treten auf die Rückweiche zurück und beobachten den Kronenraum wie bei der Fällung (Abb. 193, rechts). Sollten Sie den Baum nicht über das etwa 5,0 cm breite Holz der Bruchleiste drehen können, müssen Sie diese mit der Motorsäge schmälern, bis Sie den Baum über das Holz drehen können. Am Stockbild sieht man deutlich den 5,0 cm breiten Drehzapfen in der Mitte des Stockes (Abb. 194).

10.1.2 Brückenschnitt-Methode

Wenn die Motorsägenschiene von hinten durch den Fallkerb zum Durchtrennen der Bruchleiste reicht, kann man auch den sogenannten Brückenschnitt machen. Beim Durchtrennen der Bruchleiste von hinten mit der Motorsäge (Abb. 195) bleiben links und rechts jeweils etwa 5,0 cm Holz von der Bruchleiste stehen (Abb. 196, links). Dabei sollte zwischen Stock und Stamm ein Freiraum entstehen, damit das Herunterdrehen leichter geht. Das rund 5,0 cm starke Holz der Bruchleiste auf der linken Seite (Druckseite) in Fällrichtung bleibt stehen und auf der rechten Seite (Zugseite) wird es jetzt mit auslaufender Kette durchtrennt (Abb. 196, rechts).

Es kommt gelegentlich vor, dass sich der Baum beim zweiten Schnitt (Zugseite) von alleine aus der aufhaltenden Krone heraus dreht. Anderenfalls wird der Baum über die linke Bruchleiste (Abb. 197, links) im Uhrzeigersinn aus der aufhaltenden Krone herausgedreht (Abb. 197, Mitte). Am Stockbild sieht man deutlich das 5,0 cm breite Holz der Bruchleiste auf der linken Seite (Abb. 197, rechts). Beim Herunterdrehen gehen Sie gleich vor wie beim Drehzapfen.

Abb. 191 (links). Der zu fällende Baum hängt an den Kronen der Nachbarbäume fest.

Abb. 192 (oben). Zwischen Stock und Stamm wird ein Freiraum eingesägt.

Abb. 193 (unten). Herunterdrehen mit dem Wendehaken.

Abb. 194 (links). Das Stockbild zeigt den Drehzapfen.
Abb. 195 (oben). Beim Brückenschnitt wird die Bruchleiste zunächst von hinten bis auf zwei seitliche, 5,0 cm breite Streifen durchtrennt.

Abb. 196. Von der „Brücke“ wird in Fällrichtung der rechte Zapfen durchtrennt.

Abb. 197. Über die linke Bruchleiste wird der Baum heruntergedreht.

Abb. 198. Vorhänger sollten mit der sicheren Haltebandtechnik gefällt werden.

10.2 Vorhänger mit dem Halteband fällen

Bäume, die aufgrund des Stammverlaufes oder der Gewichtsverteilung nicht senkrecht stehen, sondern in Fällrichtung geneigt sind, nennt man Vorhänger. Deren Fällung birgt erhebliche Gefahren: Der Baum kommt frühzeitig in Bewegung, ohne dass der Motorsägeführer rechtzeitig auf die Rückweiche kommt. Außerdem besteht die Gefahr, dass der Stamm aufreißt. Dies bedeutet für Sie eine hohe Unfallgefahr und der Stamm hat einen enormen Wertverlust. Um dieses Problem richtig zu lösen, müssen Sie bei einem solchen Baum die Haltebandtechnik anwenden. In Abb. 198 ist deutlich zu erkennen, dass es sich bei der Buche um einen Vorhänger handelt.

Räumen Sie Ihren Arbeitsbereich gründlich frei und legen Sie die Rückweiche entgegengesetzt zur Fallrichtung schräg seitlich und außerhalb der Kronenprojektion (etwa sechs bis zehn Meter) an (Abb. 156–158). Jetzt sägen Sie den Fallkerb heraus. Dabei sollte die Fallkerbtiefe ein Viertel bis ein Drittel des Durchmessers betragen und der Fallkerbwinkel größer als 60 Grad sein, damit der Baum erst spät auf dem Fallkerbdach aufsitzt. Wenn Sie zuerst noch das Fallkerbdach sägen, können Sie eventuell ein Einklemmen der Schiene verhindern.

Legen Sie die Motorsäge bei ausgeschaltetem Motor in den Fallkerb und überprüfen Sie diesen

Abb. 199. Das Halteband wird entgegengesetzt zur Fällrichtung baumangepasst belassen.

Abb. 200. Per Stechschnitt müssen Bruchleiste und Halteband ausgeformt werden.

Abb. 201. Ist die Schiene zu kurz, wird auch von der linken Stammseite eingestochen.

Abb. 202. Mit Vollgas und gestreckten Armen aus seitlicher Position das Halteband trennen.

Abb. 203. Schnittfolge am Stock:
1. Fallkerbanlage,
2. Einstechen,
3. Bruchleiste ausformen,
4. Halteband ausformen,
5. Einstechen,
6. Bruchleiste ausformen,
7. Halteband ausformen,
8. Halteband durchtrennen.

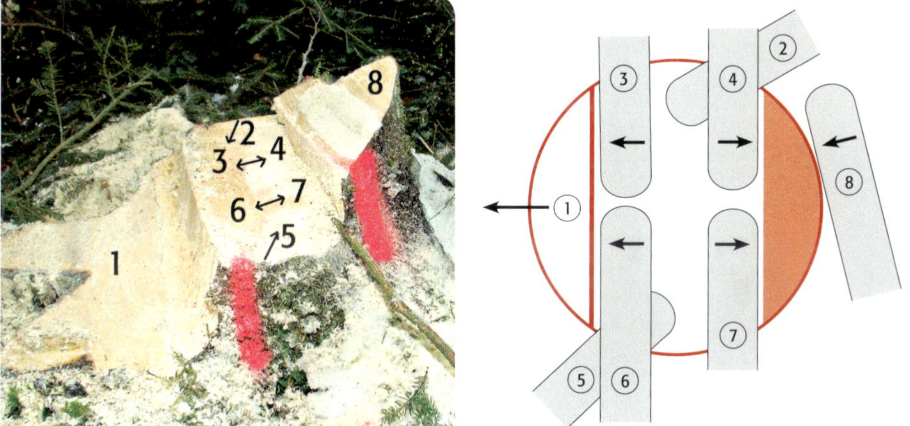

über die Visierlinie (Abb. 177). Bei Bedarf korrigieren. Das Halteband wird entgegengesetzt der Fällrichtung baumangepasst belassen, das heißt, die Breite richtet sich nach der Hangneigung des Baumes (Abb. 199). Jetzt führen Sie den Fällschnitt von der rechten Seite als Stechschnitt und formen dabei exakt die Bruchleiste und das Halteband aus, ohne dass sich der Baum in Bewegung setzt (Abb. 200).

Wenn die Schiene der Motorsäge kürzer ist als der Stammdurchmesser, gehen Sie auf die linke Seite und machen das Gleiche wie rechts (Abb. 201). Dabei kommt es vor, dass sich die Schnitte nicht genau treffen. Dies ist nicht so wichtig, denn sie müssen sich nur überlappen. Wenn Sie die Bruchleiste und das Halteband auf der linken Seite ausgeformt haben, dürfen Sie den Standplatz nicht mehr wechseln.

Jetzt trennen Sie das Halteband mit Vollgas schräg von oben und mit ausgestreckten Armen durch. Dabei ist es wichtig, dass Ihr Standplatz seitlich ist (Abb. 202). Wenn sich der Schnitt des Haltebandes öffnet, gehen Sie sofort auf den Rückweichplatz zurück und beobachten den Kronenraum.

In Abb. 203 sehen Sie noch einmal die Schnittfolge (Zeichnung) und das Stockbild, an dem Sie Ihre Arbeit überprüfen können.

Abb. 204. Unsere Fichte hängt etwa 2,0 m zur Seite.

10.3 Bei Seithängern gut zielen

Bäume, die wegen ihres Stammverlaufes oder der Gewichtsverteilung nicht senkrecht stehen und nach links oder rechts zur Fällrichtung geneigt sind, werden als Seithänger bezeichnet. Beim Fällen eines solchen Seithängers kommt es immer wieder vor, dass der Baum nicht das Ziel trifft oder es zu gefährlichen Situationen kommt. Dies geschieht meistens dann, wenn der Sägeführer den Fällschnitt von der falschen Seite her beginnt. Wie es richtig geht, wird am Beispiel einer Fichte, die nach links hängt, beschrieben.

Suchen Sie den zu fällenden Baum auf und legen Sie Ihr Werkzeug entgegen der groben Fällrichtung ab. Beginnen Sie zuerst mit der Baumbeurteilung, der Beurteilung der Fällschneise, Rückweiche und Arbeitsplatzvorbereitung (siehe Kap. 9.1.1 bis Kap. 9.1.4).

Bei der Baumbeurteilung stellen Sie fest, dass die Krone zwar gleichmäßig ausgeformt ist, aber der Stammverlauf nicht gerade ist. Er hängt in Fällrichtung etwa 2,0 m aus der Senkrechten heraus (Abb. 204).

Über die Schiene wird nun die Fällrichtung anvisiert. Sägen Sie den Wurzelanlauf in Fällrichtung stammeben bei (Abb. 175). Damit die Fallkerbanlage einfacher geht, ist es besonders wichtig, den Wurzelanlauf beizusägen, in den die Fallkerbanlage hineinkommt. Bei einem starken Seithänger wird der Wurzelanlauf auf der Zugseite nicht beigesägt, vielmehr wird der Baum eventuell mithilfe der Seilwinde gefällt.

Mit dem Meterstab können Sie jetzt die Fallkerbtiefe und die genaue Fällrichtung festlegen und danach anzeichnen. Da der Baum nach links in Fällrichtung hängt, müssen Sie den Fallkerb nach rechts um den Hang nach links überrichten, damit dieser auf den gewünschten Punkt trifft. In unserem Beispiel sind das 2,0 m (Abb. 205: kleiner Meterstab: gewünschte Fällrichtung, großer Meterstab: überrichtete Fällrichtung). Die Fallkerbgröße sollte ein Viertel bis ein Drittel des Stammdurchmessers (Abb. 176) betragen. Nun führen Sie den Fallkerbsohlenschnitt bis zu Ihrer Markierung durch.

Als nächstes folgt der Fallkerbdachschnitt, den Sie mithilfe von Markierstöcken in der Sohle in einem Winkel von 60 Grad heraussägen (Abb. 178). Hören Sie dabei mit dem Dachschnitt etwas oberhalb der Markierstöcke auf zu sägen und schlagen den Fallkerb heraus.

Jetzt sehen Sie den genauen Faserverlauf. Ist dieser schräg, müssen Sie den Fallkerb nachsägen, damit

Abb. 205 (links oben). Der Seitenhang muss durch Überrichten des Fallkerbs ausgeglichen werden.
Abb. 206 (links unten). Beim Linkshänger wird der Fällschnitt links begonnen.
Abb. 207 (rechts oben). Auf der Druckseite wird ein Stützkeil gesetzt, damit der Fällschnitt offen bleibt.

Sie tiefer in die Stammwalze hineinkommen und die Fallkerbsehne sauber ausformen können. Nach der Anlage des Fallkerbs sollten Sie die Fällrichtung nochmals kontrollieren und gegebenenfalls korrigieren.

Zeichnen Sie jetzt die Bruchleiste und den Fällschnitt an, die jeweils ein Zehntel des Durchmessers betragen (Abb. 182). Vergessen Sie nicht vor Beginn des Fällschnittes den ersten Achtungsruf und einen Rundumblick. Der Fällschnitt wird jetzt ein Zehntel des Durchmessers über der Fallkerbsohle geführt. Bei einem Linkshänger beginnt man mit dem Fällschnitt immer auf der linken Seite des Stammes, damit der Motorsägeführer nicht im

Abb. 208. Seitenwechsel: Der letzte Fällschnitt mit Trennen des Stützbandes erfolgt von rechts.

Abb. 209. Erfolgskontrolle: Der kleine Meterstab zeigt die Fällrichtung, der große die Überrichtung der Fallkerbanlage.

Gefahrenbereich steht. Auf der linken Seite wird danach der Fällschnitt bis zur Hälfte der Stammwalze mit einlaufender Kette fertiggestellt (Abb. 206). Anschließend setzen Sie auf der Druckseite einen Stützkeil, damit der Fällschnitt nicht „zumacht“ (Abb. 207).

Wechseln Sie nun auf die rechte Seite und sägen mit auslaufender Kette die Seite fertig und formen dabei das Stützband und die Bruchleiste aus (Abb. 208). Setzen Sie jetzt den Keil in Fällrichtung so weit von der Stützleiste weg, dass Sie die Stützleiste ohne Berührung des Keils durchtrennen können. Achten Sie darauf, dass der Keil nur so weit in den Fällschnitt getrieben wird, dass der Fällschnitt offenbleibt. Solange der Baum noch sicher steht, folgt der zweite Achtungsruf mit Rundumblick. Jetzt durchtrennen Sie die Stützleiste und setzen je nach Bedarf noch weitere Keile, um den Baum umzukeilen.

Wenn sich der Baum in Fällrichtung neigt, gehen Sie sofort auf die Rückweiche zurück, damit Sie außerhalb der Kronenprojektion stehen. Dort bleiben Sie solange stehen, bis die Kronen in der Fällschneise ausgeschwungen haben.

Jetzt können Sie das Ergebnis der Fällung sehen und überprüfen. Diese Selbstkontrolle nach jeder Fällung ist wichtig zur Überprüfung, ob auch alles planmäßig verlaufen ist. Der kleine Meterstab zeigt die Fällrichtung und der große die überrichtete Fallkerbanlage. (Abb. 209). Am Stockbild kann man abmessen, ob die Fallkerbtiefe, die Bruchleiste und die Bruchstufe den Anforderungen der Unfallverhütungsvorschrift entsprechen.

10.4 Punktlandung mit dem Gegenzug-Verfahren

Bäume, die über Straßen oder andere Objekte oder entgegengesetzt der Fällrichtung hängen (Rückhänger), können nicht einfach nur umgesägt werden. Sie müssen mithilfe einer Seilwinde im Gegenzug gefällt werden. Eine so praktizierte Fällung bietet ein hohes Maß an Sicherheit.

Beginnen Sie zuerst mit der Baumbeurteilung, der Beurteilung der Fällschneise, Rückweiche und Arbeitsplatzvorbereitung (siehe Kap. 9.1.1 bis Kap. 9.1.4). Daraus ergeben sich die genaue Fällrichtung und der Standplatz des Forstschleppers. Wählen Sie den Standplatz des Schleppers so, dass er in ausreichendem Sicherheitsabstand steht (doppelte Baumlänge oder Umlenkung mittels Rolle). Achten Sie darauf, dass der Schlepper nicht seitlich, sondern gerade zieht. Untersuchen Sie das Seil auf eventuelle Schäden wie Litzenbrüche, Knicke, ...

Suchen Sie einen starken Baum aus, an dem Sie die Umlenkrolle mit einem Seilstropp befestigen (Abb. 210, links). Seilschlinge/Stropp und Umlenkrolle müssen für den Bodenzug geeignet sein und mit der Zugkraft der Seilwinde übereinstimmen. Deshalb müssen die Typenschilder an der Seilwinde und an der Seilschlinge/Stropp vorhanden und lesbar sein (Abb. 210, Mitte). Ist der äußere Mantel von der Seilschlinge/Stropp beschädigt, sollte man diesen nicht mehr einsetzen. Die Befestigungsschraube an der Umlenkrolle muss immer mit einem Splint gesichert werden (Abb. 210, rechts).

Es ist wichtig, dass das Seil am zu fällenden Baum so hoch wie möglich angebracht wird. Je höher das Seil am Baum befestigt wird, umso weniger Zugkraft ist zum Umziehen des Baumes erforderlich.

Befestigen Sie das Seil am besten mit einer Anlegeleiter am Baum. Dazu stellen Sie die Leiter standsicher mit einem maximalen Winkel von 65 bis 75 Grad auf. Sinnvoll ist eine Leiter mit Erdspießen. Aus Sicherheitsgründen sollten Sie bei Anlegeleitern die obersten vier Sprossen nicht besteigen, da der Bewegungsspielraum auf den obersten Sprossen immer geringer wird. Das Festhalten, Ausbalancieren und Anbringen des Seiles gestaltet sich sehr schwierig, führt in vielen Fällen zu einer Verlagerung des Körpergewichts und damit zu einem seitlichen Wegkippen der Leiter. Darum sollten Sie die Leiter am Baum mit einem Spanngurt sichern. Wenn Sie einen Sicherungsgurt verwenden, können Sie das Seil sicher und mit beiden Händen am Baum befestigen (Abb. 211). Den Auf- und Abstieg auf der Anlegeleiter sollten Sie im sogenannten Passgang durchführen, das heißt, immer zwei Körperteile sind mit der Leiter in Berührung.

Beim Anbringen des Seiles mithilfe von Steigeisen müssen Sie zuerst den Sicherungsgurt anlegen,

Abb. 210. Per Seilstropp (links) wird die Umlenkrolle (Mitte) befestigt und gesichert (rechts).

Abb. 211. Ein Sicherheitsgurt schafft Bewegungsfreiheit.

Abb. 212. Zum Klettern mit Steigeisen brauchen Sie Übung.

dann die Steigeisen und den Helm. Dann wird die Kurzsicherung um den Baum gelegt. Jetzt können Sie den Baum auf die gewünschte Höhe besteigen und das Drahtseil mithilfe einer Hundeleine/Rebschnur auf die gewünschte Höhe ziehen und befestigen (Abb. 212). Allerdings ist für den Einsatz von Steigeisen eine Schulung zwingend erforderlich.

Für beide Verfahren ist es notwendig, dass die Person keine Höhenangst hat und ein geeignetes Rettungssystem vorhanden ist. Das heißt, es muss eine weitere schwindelfreie Person dabei sein, eine zweite Steigeisenausrüstung bei Steigeiseneinsatz, ein zweiter Sicherungsgurt und eine Abseilausrüstung, um bei einem Unfall die Person aus der Höhe zu retten. Außerdem müssen die Ausrüstungsgegenstände jährlich überprüft werden. Die genauen Prüfverfahren und Prüftermine finden Sie in den Unfallverhütungsvorschriften Ihrer Unfallkasse.

Anstelle einer sperrigen Leiter, komplizierten Ausrüstung und von waghalsigen Manövern gibt es eine einfache und praktische Lösung, vom Boden aus das Anschlagseil am Baum in etwa 5,0 bis 6,0 m Höhe zu befestigen. Dabei hilft Ihnen die Königsbronner Anschlagtechnik Model Teufelsberger (Kat), die nachfolgend an einer Standardsituation vorgestellt wird. Die Ausrüstung des Kat besteht aus zwei Schäkeln mit einer Nutzlast von 8,0 Tonnen, einer Aluschubstange mit einer Anschlagkralle, einem Anschlagseil mit einer Länge von 12 m aus ummantelter Dyneema-Faser und einem Transportsack (Abb. 213).

Zuerst wird mit dem Anschlagseil eine Schlinge um den Baum gelegt und mit dem an der Seilöse befestigten Schäkel zu einer Schlinge verbunden. Dann wird das Rückeseil mit dem Anschlagseil mittels Schäkel verbunden (Abb. 214, links).

Abb. 213. Ausrüstung zum Befestigen des Anschlagseils.

Das Anschlagsseil sollte so gerade wie möglich durch den Schäkel laufen (Seilwinkel kleiner als 15 Grad). Das Seil mit dem Schäkel ist also nicht in der Mitte des Baumes positionieren, sondern immer auf der Seite. (Abb. 214, Mitte). Die Seilschlinge wird dann am Boden großzügig ausgelegt und mit der Schubstange auf die gewünschte Höhe geschoben (Abb. 214, rechts). Ist die Seilschlinge auf etwa 5,0 bis 6,0 m Höhe angelangt, wird das Seil auf Spannung gebracht. Achten Sie dabei immer auf den Seilwinkel beim Schäkel. Dank der speziellen Form läuft das Seil in der Anschlagkralle frei und kann sich zusammenziehen.

Führen Sie nun eine exakte Fallkerbanlage durch, markieren Sie die Bruchleiste und den Fällschnitt. Überprüfen Sie dabei auch die Fällrichtung. Die Größe des Fallkerbs sollte mindestens ein Drittel der Stammwalze betragen, damit die Bruchleiste in den geraden Fasern ist. Der Fallkerbwinkel muss mindestens 60 Grad betragen. Dadurch wird eine lange Führung des Baumes gewährleistet (Abb. 215), bevor die Bruchleiste bricht.

Abb. 214. Rückeseil und Anschlagseil werden verbunden (links). Der Seilwinkel zum Schäkel sollte weniger als 15 Grad betragen (Mitte). Per Schubstange wird das Seil platziert (rechts).

Abb. 215. Der Fallkerbwinkel muss über 60 Grad betragen.

Abb. 216. Das Stützband wird unterhalb des Fällschnittes durchtrennt.

Mit der Stützbandtechnik wird jetzt der Fällschnitt ausgeführt (siehe Kap. 9.4.1.). Belassen Sie dabei eine ausreichend breite Bruchleiste. Bevor Sie jetzt das Stützband durchtrennen, wird noch ein Stützkeil gesetzt, um das unbeabsichtigte „Zumachen" des Fällschnittes zu verhindern (zum Beispiel durch falsches Betätigen der Seilwinde). Das Stützband wird nicht auf Höhe des Fällschnittes durchtrennt, sondern unterhalb des Fällschnittes (Abb. 216).

Beim Durchtrennen der Stützleiste unterhalb des Fällschnittes halten die senkrechten Fasern den Baum so lange, bis mit der Seilwinde gezogen wird (Abb. 217). Nach dem Durchtrennen der Stützleiste gehen Sie zügig auf den Rückweicheplatz oder auf den Platz, wo der Maschinenführer steht. Erst jetzt wird mithilfe der Seilwinde der Baum umgezogen. Dabei gibt der Motorsägenführer das Kommando. Wichtig ist, dass alle, die mit der Fällung beschäftigt sind, den Kronenraum beobachten.

Abb. 217. Die langen Senkrechtfasern halten den Baum auch nach dem Durchtrennen der Stützleiste bis zum Umziehen.

Abb. 218. Die Ausrüstung der Königsbronner Stahlseil-Technik (KST) Modell Teufelsberger.

10.4.1 Die Anschlagtechnik im Griff

Um das Anschlagseil auf eine Höhe von 8,0 bis 10,0 m vom Boden aus zu befestigen, hilft Ihnen die Königsbronner Stahl-Seiltechnik Model Teufelsberger (KST), die nachfolgend an einer Standardsituation vorgestellt wird.

Die KST-Ausrüstung besteht aus einer Teleskopstange mit Anschlagkralle (7,5 m), KST-Baumzugseil Teufelsberger mit 10,5 mm Durchmesser mit Einzugöse, Schäkel, Wurfbeutel mit Karabiner und einer Nylonschnur. Dieses System ist für eine Zuglast von 10,0 t ausgelegt (Abb. 218).

Mittels eines Karabiners (blau) wird der Wurfbeutel (orange) an einer Nylonschnur (weiß) befestigt. Der Wurfbeutel wird dann mit einer Teleskopstange mit Anschlagkralle in gewünschter Höhe über einen Ast entgegengesetzt der Fällrichtung geworfen oder gelegt (Abb. 219).

Abb. 219. Der Wurfbeutel wird entweder über einen Ast gelegt (l.) oder geworfen und zieht das Nylonseil zu Boden (r.).

Abb. 220. Die Einzugsöse wird in den Karabiner der Nylonschnur eingehängt.

Abb. 221. Durch die Einzugsöse läuft das Baumzugseil leichter über den Ast.

Durch das Gewicht des Wurfbeutels zieht dieser das Nylonseil über den Ast zu Boden (Idealfall). Wenn dies nicht funktioniert, können Sie den Wurfbeutel mit Hilfe der Teleskopstange mit Anschlagkralle nach unten ziehen. Dann wird die Einzugöse, die in der Seilschlaufe integriert ist, am Karabiner (blau) eingehängt (Abb. 220).

Mit dem Nylonseil wird jetzt das Baumzugseil über den Ast gezogen. Durch die Einzugöse läuft das Baumzugseil leichter über den Ast (Abb. 221). Wenn die Schlaufe vom Baumzugseil am Boden ist, wird der Karabiner (blau) entfernt. Beide Schlaufen werden jetzt in Zugrichtung gezogen und mit einem Schäkel mit dem Rückeseil verbunden (Abb. 222). Das Baumzugseil darf dabei nur umgelegt angeschlagen werden und beide Enden (Schlaufen) sind im Schäkel.

Das Baumzugseil, das bei der Königsbronner-Stahlseil-Technik eingesetzt wird, darf nur von einer autorisierten Seilerei hergestellt werden. Außerdem muss ein Typenschild am Baumzugseil angebracht sein, auf dem wichtige Informationen wie Durchmesser, Zugkraft, Anschlagart und Verwendungshinweise vermerkt sind.

Abb. 222. Die Enden des Baumzugseils werden per Schäkel mit dem Seil der Winde verbunden.

10.5 Fällen von Nadelholz am Hang

Beim Fällen von Nadelbäumen am Hang kommt es immer wieder vor, dass der Baum beim Fällen, Absägen oder Wenden abrutscht oder abrollt. Wenn in der Fällschneise ein Hindernis ist, beispielsweise eine Kuppe oder eine Blocküberlagerung, besteht außerdem die Gefahr, dass der Baum am Stammfuß hoch oder zur Seite springt. Diese gefährlichen Situationen führen häufig zu schweren Unfällen. Durch eine genaue Beurteilung des Baumes und der Fällschneise können Sie eventuelle Gefahren erkennen. Beginnen Sie daher zuerst mit der Baumbeurteilung, der Beurteilung der Fällschneise, Rückweiche und Arbeitsplatzvorbereitung (siehe Kap. 9.1.1 bis Kap. 9.1.4).

Nachfolgend wird das Fällen einer Fichte am Hang beschrieben. Bei der Baumbeurteilung stellen Sie fest, dass die Krone zwar gleichmäßig ausgeformt ist, aber der Stammverlauf nicht gerade ist. Er hängt in Fällrichtung leicht nach vorne aus der Senkrechten heraus. Das bedeutet, wenn Sie den Baum den Hang aufwärts fällen, kommt er voraussichtlich vorzeitig ins Fallen, bevor Sie die Bruchleiste sauber ausgeformt haben (Abb. 223). Deshalb ist es in diesen Fall sinnvoll, den Baum mit der Stützbandtechnik zu fällen.

Bei der Beurteilung der Fällschneise stellen Sie fest, dass der Baum über eine Kuppe fällt, die zur linken Seite in Fällrichtung schräg ist. Die Gefahr dabei ist, dass der Stammfuß nach oben und zur linken Seite ausschlagen kann. Damit Sie sich am Hang schnell und trittsicher bewegen können, ist es sinnvoll, Schnittschutzschuhe zu tragen, die für schwieriges Gelände geeignet sind. Diese haben in der Regel eine starke Profilierung der Sohle, Gehhilfen an der Sohle (Klappgriff) und sind für Steigeisen geeignet (Abb. 224). Dadurch wird das Laufen am Hang erleichtert.

Es wird jetzt über die Schiene die Fällrichtung anvisiert. Sägen Sie den Wurzelanlauf in Fällrichtung stammeben bei (Abb. 225). Damit die Fallkerbanlage einfacher geht, ist es besonders wichtig, den Wurzelanlauf beizusägen, in den die Fallkerbanlage hineinkommt. Die Stockhöhe wird durch die Oberseite des Hanges bestimmt. Deshalb ist es schwierig, die Wurzelanläufe auf gleicher Ebene beizusägen. Das Beisägen der Wurzelanläufe und der Fällschnitt müssen häufig in Hüfthöhe ausgeführt werden.

Mit dem Meterstab können Sie jetzt die Fallkerbtiefe und die genaue Fällrichtung festlegen und

Abb. 223. Nadelbäume wachsen in der Regel zum Hang hin und sollten deshalb bevorzugt hangaufwärts gefällt werden.

danach anzeichnen. Die Fallkerbgröße sollte ein Viertel bis ein Drittel des Stammdurchmessers betragen. Nun führen Sie den Fallkerbsohlenschnitt bis zu Ihrer Markierung durch (Abb. 176 + 177).

Als nächstes kommt der Fallkerbdachschnitt, den Sie mit Hilfe von Markierstöcken in der Sohle in einem Winkel von 60 Grad heraussägen (Abb. 226). Hören Sie dabei mit dem Dachschnitt etwas oberhalb der Markierstöcke auf zu sägen und

Abb. 224. Für die Arbeit in schwierigem Gelände sollten Schnittschutzschuhe Gehhilfen an der Sohle besitzen oder für Steigeisen geeignet sein wie dieser Lowa F3 mit Steigeisen Austria Alpin.

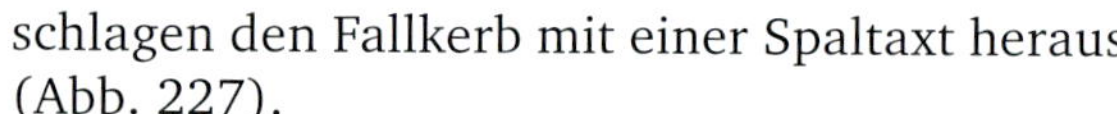

schlagen den Fallkerb mit einer Spaltaxt heraus (Abb. 227).

Jetzt sehen Sie den genauen Faserverlauf. Ist dieser schräg, müssen Sie den Fallkerb nachsägen, damit Sie tiefer in die Stammwalze hineinkommen und die Fallkerbsehne sauber ausformen können (Abb. 179). Nach der Anlage des Fallkerbs sollten Sie die Fällrichtung nochmals kontrollieren und gegebenenfalls korrigieren (Abb. 180).

Zeichnen Sie jetzt die Bruchleiste und den Fällschnitt an, die jeweils ein Zehntel des Durchmessers betragen. Vergessen Sie nicht vor Beginn des Fällschnittes den ersten Achtungsruf und einen Rundumblick. Der Fällschnitt wird jetzt ein Zehntel des Durchmessers über der Fallkerbsohle geführt. Da die Gefahr besteht, dass der Baum zur linken Seite ausschlägt, beginnt man mit dem Fällschnitt auf der linken Seite und lässt das Stützband so stehen, damit es von der rechten Seite her durchgetrennt

Abb. 225. Der Wurzelanlauf wird in Fällrichtung stammeben beigesägt.

Abb. 226. Der Fallkerbdachschnitt wird in einem 60 Grad-Winkel geführt.

Abb. 227. Der Fallkerb wird mit der Axt herausgeschlagen und der Faserverlauf überprüft.

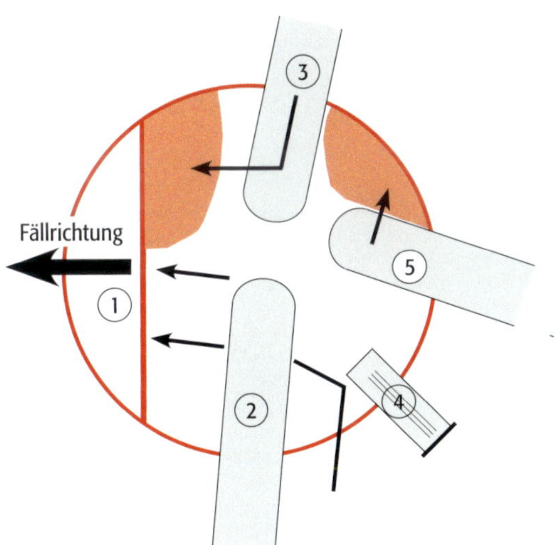

Abb. 228. Schnittfolge im Querschnitt: 1 Fallkerbanlage, 2 Ausformen von Stützleiste und Bruchleiste mit einlaufender Kette auf der linken Seite, 3 Ausformen von Stützleiste und Bruchleiste mit auslaufender Kette auf der rechten Seite, 4 Stützkeil setzen, 5 Durchtrennen der Stützleiste mit ein- oder auslaufender Kette.

werden kann und der Sägeführer dabei nicht im Gefahrenbereich steht. Dies hat auch den Vorteil, dass der größte Teil des Fällschnittes mit einlaufender Kette gesägt werden kann.

Beginnen Sie jetzt auf der linken Seite mit dem Fällschnitt, indem Sie weit genug von der Stützleiste entfernt einen Stechschnitt machen und mit der Schienenspitze auf die rechte Seite durchstechen. Ziehen Sie dann die Motorsägenschiene bis zur Hälfte der Stammwalze zurück und formen Sie dann auf der linken Seite mit einlaufender Kette die Bruchleiste fertig aus.

Setzen Sie jetzt auf der linken Seite einen Stützkeil, damit der Fällschnitt nicht zumacht, falls Sie sich bei der Baumbeurteilung geirrt haben. Dieser Keil sollte so weit von der Stützleiste entfernt sein, dass diese ohne Berührung vom Keil durchtrennt werden kann.

Achten Sie darauf, dass der Keil nur so weit in den Fällschnitt getrieben wird, dass der Fällschnitt offenbleibt. Wechseln Sie nun auf die rechte Seite und sägen mit auslaufender Kette die Seite fertig und formen dabei das Stützband und die Bruchleiste aus. Solange der Baum noch sicher steht, folgt der zweite Achtungsruf mit Rundumblick. Jetzt durchtrennen Sie die Stützleiste.

Sobald sich der Baum in Fällrichtung neigt, gehen Sie sofort auf der Rückweiche zurück bis zum Rückweichenplatz, damit Sie außerhalb Kronenprojektion stehen. Gleichzeitig passiert das, was bei der Baumbeurteilung zu befürchten war: Der Baum schlägt nach oben (Abb. 229). Bleiben Sie solange auf dem Rückweicheplatz stehen, bis alle Kronen in der Fällschneise ausgeschwungen haben (mindestens zehn Sekunden).

Abb. 229. Die Bildfolge zeigt (v. l.) das Aufsuchen der Rückweiche und die Gefahren der Fällung am Hang durch das Hochschnellen des Stammes. Durch eine entsprechende Baumbeurteilung lassen sich solche Gefahren im Vorfeld ausmachen.

10.6 Fällen von Laubholz am Hang

Beim Fällen von Laubbäumen am Hang kommt es immer wieder vor, dass der Baum beim Fällen, Absägen oder Wenden abrutscht oder abrollt (Abb. 230).

Wenn in der Fällschneise ein Hindernis ist, etwa eine Kuppe oder Blocküberlagerung, besteht außerdem die Gefahr, dass der Baum am Stammfuß hoch oder zur Seite springt. Diese gefährlichen Situationen führen häufig zu schweren Unfällen. Durch eine genaue Beurteilung des Baumes und der Fällschneise können Sie eventuelle Gefahren erkennen. Beginnen Sie daher zuerst mit der Baumbeurteilung, der Beurteilung der Fällschneise, Rückweiche und Arbeitsplatzvorbereitung (siehe Kap. 9.1.1 bis Kap. 9.1.4). Nachfolgend wird das Fällen einer Buche am Hang beschrieben.

Bei dieser Baumbeurteilung stellen Sie fest, dass die Krone einseitig ausgeformt ist, aber der Stammverlauf gerade ist. Er hängt in Fällrichtung nach vorne aus der Senkrechten heraus. Das bedeutet, wenn Sie den Baum den Hang abwärts fällen, kommt er vorzeitig ins Fallen, bevor Sie die Bruchleiste sauber ausgeformt haben. Dadurch kann der Baum plötzlich aufreißen, bevor die Bruchleiste fertig ausgeformt ist und Sie sägen noch, während der

Abb. 230. Beim Fällen, Absägen oder Wenden am Hang kann der Baum leicht abrutschen.

Abb. 231. Wege und Rückegassen müssen bei Abrutschgefahr des gefällten Baumes auch über die doppelte Baumlänge hinaus gesichert sein.

Abb. 232. Bei zu kurzem Schwert wird der Fällschnitt von der rechten Seite aus als Stechschnitt begonnen und in zwei Schritten ausgeführt.

Baum schon fällt. Deshalb ist in diesen Fall wichtig, dass Sie den Baum mit der Haltebandtechnik fällen.

Bei der Beurteilung der Fällschneise stellen Sie außerdem fest, dass der Baum über eine Hangkante fällt. Dadurch kann der Baum hochschlagen, die Krone kann abbrechen oder der Baum rutscht zum Weg ab. Hier fällt der Hang zur rechten Seite in Fällrichtung schräg ab, dadurch kann der Baum auf die rechte Seite ausschlagen. Wenn die Gefahr besteht, dass der Stamm bis auf die Rückegasse oder den Weg rutscht (Abb. 231), müssen Sie diese absperren, auch wenn Sie mehr als die doppelte Baumlänge entfernt sind.

Damit Sie sich am Hang schnell und trittsicher bewegen können, ist es sinnvoll, Schnittschutzschuhe zu tragen, die für schwieriges Gelände geeignet sind. Diese haben in der Regel eine starke Profilierung der Sohle, Gehhilfen an der Sohle (Abb. 224) und sind für Steigeisen geeignet. Dadurch wird das Laufen am Hang erleichtert.

Es wird jetzt über die Schiene die Fällrichtung anvisiert. Sägen Sie den Wurzelanlauf in Fällrichtung stammeben bei. Damit die Fallkerbanlage einfacher geht, ist es besonders wichtig, den Wurzelanlauf beizusägen, in den die Fallkerbanlage hineinkommt. Die Stockhöhe wird durch die Oberseite des Hanges bestimmt. Deshalb ist es schwierig, die Wurzelanläufe auf gleicher Ebene beizusägen. Das Beisägen der Wurzelanläufe und der Fällschnitt muss häufig in Hüfthöhe ausgeführt werden.

Mit dem Meterstab können Sie jetzt die Fallkerbtiefe und die genaue Fällrichtung festlegen und danach anzeichnen. Die Fallkerbgröße sollte ein Viertel bis ein Drittel des Stammdurchmessers betragen. Nun führen Sie den Fallkerbsohlenschnitt bis zu Ihrer Markierung durch.

Als nächstes kommt der Fallkerbdachschnitt, den Sie mit Hilfe von Markierstöcken in der Sohle in einem Winkel von 60 Grad heraussägen. Hören Sie dabei mit dem Dachschnitt etwas oberhalb der Markierstöcke auf zu sägen und schlagen Sie den Fallkerb mit einer Spaltaxt heraus. Jetzt sehen Sie den genauen Faserverlauf. Ist dieser schräg, müssen Sie den Fallkerb nachsägen, damit Sie tiefer in die Stammwalze hineinkommen und die Fallkerbsehne sauber ausformen können. Nach der Anlage des Fallkerbs sollten Sie die Fällrichtung nochmals kontrollieren und gegebenenfalls korrigieren.

Zeichnen Sie jetzt die Bruchleiste und den Fällschnitt an, die jeweils ein Zehntel des Durchmessers betragen. Vergessen Sie nicht vor Beginn des Fällschnittes den ersten Achtungsruf und einen Rundumblick. Der Fällschnitt wird jetzt ein Zehntel des Durchmessers über der Fallkerbsohle geführt. Je nach Baumstärke und Schwertlänge muss der Fällschnitt auf ein- oder zweimal gemacht werden. Wenn Sie den Fällschnitt auf zweimal machen, beginnen Sie in diesem Fall auf der rechten Seite mit dem Fällschnitt als Stechschnitt (Abb. 232) und formen Bruchleiste und Halteband aus. Dann wechseln Sie auf die linke Seite und machen die zweite Hälfte des Fällschnittes mit einlaufender Kette fertig und formen dabei Bruchleiste und Halteband aus. Sollten sich die zwei Schnitte nicht auf gleicher Ebene treffen, ist dies nur ein Schönheitsfehler. Wichtig ist nur, dass sich die zwei Schnitte überlappen. Das Halteband wird entgegen der Fällrichtung in ausreichender Stärke stehen gelassen. Wenn der Fällschnitt fertig geführt ist und das Halteband ausgeformt ist, dürfen Sie keinen Seitenwechsel mehr durchführen.

Solange der Baum noch sicher steht, folgt der zweite Achtungsruf mit Rundumblick. Jetzt durchtrennen Sie das Halteband mit ausgestreckten Armen und einlaufender Kette schräg von oben. Sobald sich der Baum in Fällrichtung neigt, gehen Sie sofort auf der Rückweiche zurück bis zum Rückweichenplatz, damit Sie außerhalb Kronenprojektion stehen. Gleichzeitig passiert das, was bei der Baumbeurteilung zu befürchten war: Der Baum schlägt nach oben und zur rechten Seite (Abb. 234).

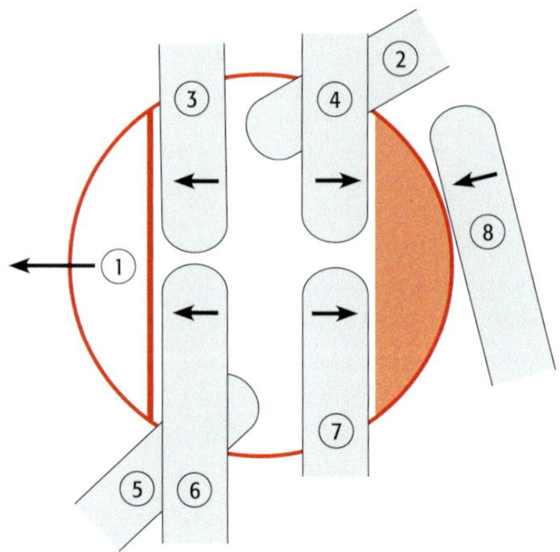

Abb. 233. Die Schnittfolge der Haltebandtechnik: 1 Fallkerbanlage, 2 Stechschnitt mit einlaufender Kette auf der rechten Seite, 3 Ausformen der Bruchleiste mit auslaufender Kette , 4 Ausformen des Haltebandes mit einlaufender Kette, 5 Stechschnitt mit einlaufender Kette auf der linken Seite, 6 Ausformen der Bruchleiste mit einlaufender Kette, 7 Ausformen des Haltebandes mit auslaufender Kette, 8 Durchtrennen des Haltebandes schräg von oben mit einlaufender Kette.

Bleiben Sie solange auf dem Rückweichenplatz stehen, bis alle Kronen in der Fällschneise ausgeschwungen haben (mindestens zehn Sekunden). Es ist immer sinnvoll, die Fällschneise auf abgebrochene oder hängengebliebene Äste abzusuchen.

Abb. 234. Bei beginnendem Kippen des Baumes schnell die Rückweiche aufsuchen. Der Baum schlägt nach oben aus und rollt anschließend hangabwärts.

10.7 Fällung von Bäumen gegen die natürliche Hangrichtung

Bei der Fällung kommen immer wieder Hilfsmittel zum Einsatz. Einige sind sinnvoll und haben sich in der professionellen Waldarbeit durchgesetzt. Sie sollen bei richtigem Einsatz die Fällung erleichtern, sicherer machen und den Waldarbeiter sinnvoll entlasten.

Bei mittelstarkem bis Starkholz kommen der mechanische und der hydraulische Fällkeil immer häufiger zum Einsatz (Abb. 235).

Vorteil ist, dass die schwere Keilarbeit erleichtert wird und es keine Erschütterungen in der Krone gibt. Die Krone wird beim Einsatz dieser beiden Fällhilfen unter Beobachtung langsam und ohne Erschütterung durch Drehen oder Pumpen in Vorlage gebracht. Dadurch ist die Gefahr geringer, dass sich durch die Keilarbeiten dürre Äste aus der Krone lösen. Der mechanische und der hydraulische Fällkeil werden dort eingesetzt, wo die Seilwinde noch nicht sinnvoll ist, aber das Umkeilen mit mehreren Keilen erforderlich wäre. Der mechanische und hydraulische Fällkeil ersetzt aber die Seilwinde nicht. Der Fällkeil eignet sich bei Rückhängern bis maximal 1,5 m. Außerdem dürfen die Kronen nicht ineinander verwachsen sein. Daher werden ausgeprägte Rück- oder Seithänger immer mit der Seilwinde gefällt.

Der mechanische Fällkeil weist folgende Eigenschaften auf: Gewicht 5,4 kg, einfache Wartung, günstiger Anschaffungspreis, Nachsetzen des Keils durch die Ratsche möglich, 60 mm effektive Hubhöhe und eine maximale Druckkraft von 15 t. Der hydraulische Fällkeil weist folgende Eigenschaften auf: Gewicht 10,0 kg, höherer Wartungsaufwand, hoher Anschaffungspreis, Keilhöhe 60 mm und eine Spreiz- beziehungsweise Hubkraft von bis zu 27 t.

Kommt der mechanische oder der hydraulische Fällkeil zum Einsatz, sind eine genaue Baumbeurteilung und eine fachgerechte Schnittführung wichtig. Deshalb sollten Sie einen Lehrgang besucht haben. Nachfolgend wird jetzt die Fällung mit dem mechanischen Fällkeil an einer Kiefer beschrieben, die etwa 1,0 m zurückhängt und gegen die Windrichtung gefällt werden muss.

Beginnen Sie zuerst mit der Baumbeurteilung, der Beurteilung der Fällschneise, Rückweiche und Arbeitsplatzvorbereitung (siehe Kap. 9.1.1 bis Kap. 9.1.4). Bei der Fällung mit dem mechanischen Fällkeil müssen Sie folgende Punkte besonders genau beurteilen: Stammverlauf, Baumkrone und ob der Baum nicht zu weit nach hinten hängt. In der Fällschneise sollte so viel Platz sein, dass Sie den Baum nicht durch andere Kronen hindurchdrücken müssen, da die ganze Hubkraft auf die Bruchleiste geht. Aus diesen Punkten können Sie dann die genaue Fällrichtung bestimmen.

Abb. 235. Der hydraulische (oben) und mechanische Fällkeil erleichtern die Keilarbeit maßgeblich.

Sägen Sie nun die Wurzelanläufe in Fällrichtung stammeben bei (Abb. 236). Bei faulen Bäumen sollten Sie das Beschneiden der Wurzelanläufe unterlassen. Damit die Fallkerbanlage einfacher geht, ist es besonders wichtig, den Wurzelanlauf beizusägen, in den die Fallkerbanlage hineinkommt.

Mit dem Meterstab können Sie jetzt die Fallkerbtiefe und die genaue Fällrichtung festlegen und danach anzeichnen. Die Fallkerbgröße sollte ein Viertel bis ein Drittel des Stammdurchmessers betragen. Nun führen Sie den Fallkerbsohlenschnitt bis zu Ihrer Markierung durch.

Als nächstes kommt der Fallkerbdachschnitt, den Sie mit Hilfe von Markierstöcken in der Sohle in einem Winkel von etwa 60 Grad heraussägen. Hören Sie dabei mit dem Dachschnitt etwas oberhalb der Markierstöcke auf zu sägen und schlagen den Fallkerb mit einer Spaltaxt heraus. Jetzt sehen Sie den genauen Faserverlauf (Abb. 237) und können die Fallkerbsehne sauber ausformen. Ist der Faserverlauf schräg, so sollten Sie den Fallkerb auf jeden Fall größer machen, damit die Bruchleiste in die geraden Holzfasern kommt.

Nach der Anlage des Fallkerbs sollten Sie die Fällrichtung nochmals kontrollieren und gegebenenfalls korrigieren. Zeichnen Sie jetzt Bruchleiste und Fällschnitt an, die jeweils ein Zehntel des Durchmessers betragen (siehe Kap. 9.4).

Abb. 236. Die Wurzelanläufe in Fällrichtung werden stammeben beigesägt.

Abb. 237. Entsprechend dem Faserverlauf wird die Fallkerbsehne ausgeformt.

Abb. 238. An der Stelle, wo der Fällkeil gesetzt wird, muss der Fällschnitt etwas verbreitert werden.

Abb. 239. Der Fällkeil wird gesetzt und unter Spannung gebracht.

Abb. 240. Neben dem Fällkeil wird ein Sicherungskeil gesetzt.

Abb. 241. Mit einlaufender Kette wird die linke Seite fertig gesägt.

Vergessen Sie nicht vor Beginn des Fällschnittes den ersten Achtungsruf und einen Rundumblick. Der Fällschnitt wird jetzt ein Zehntel des Durchmessers über der Fallkerbsohle geführt. Beginnen Sie auf der rechten Seite den Fällschnitt mit einem Stechschnitt. Dabei wird mit auslaufender Kette die Bruchleiste nach vorne sauber ausgeformt. Mit einlaufender Kette wird nach hinten der Fällschnitt zu etwa zwei Drittel des Fällschnittes fertig gesägt. Als nächstes wird jetzt der Fällschnitt an der Stelle verbreitert, an der der mechanische Fällkeil gesetzt wird (Abb. 238). Achten Sie darauf, dass er tief genug und in den geraden Fasern des Holzes sitzt.

Dann wird der mechanische Fällkeil in den Fällschnitt gesetzt und unter Spannung gebracht. Dabei sollten die Frostleisten auf den Federstahlplatten soweit im Fällschnitt sein, dass sie nicht mehr sichtbar sind (Abb. 239). Der Kunststoffschuh und die Frostleisten sind komplett im Fällschnitt. Als nächstes wird jetzt ein Sicherungskeil neben den mechanischen Fällkeil gesetzt (Abb. 240).

Dann wechseln Sie auf die linke Seite und sägen mit einlaufender Kette die linke Seite fertig und formen dabei die Bruchleiste aus (Abb. 241). Achten Sie immer darauf, dass die Motorsägenschiene parallel zur Fallkerbsehne herangeführt wird.

Beim Einsatz des mechanischen Fällkeils müssen Sie immer einen Stützkeil setzen und diesen während des Ratschenvorganges immer wieder nachsetzen. Solange der Baum noch sicher steht, folgt der zweite Achtungsruf mit Rundumblick. Während des Ratschenvorganges können Sie die Krone beobachten, es gibt keine Erschütterungen wie beim Keilen und dank der hohen Druckkräfte ist dieser Vorgang nicht so anstrengend wie das Keilen. Jetzt wird der Ratschenvorgang solange weitergeführt, bis sich der Baum in Fällrichtung neigt (Abb. 242). Gehen Sie sofort auf die Rückeweiche zurück, bis Sie außerhalb der Kronenprojektion stehen. Dort bleiben Sie solange stehen, bis die Kronen in der Fällschneise ausgeschwungen haben(mindestens zehn Sekunden). Diese Fälltechniken (Abb. 243) können Sie auch bei dem hydraulischen und dem Akku-betriebenen Fällkeil anwenden.

Abb. 242. Mit der Ratsche wird der Baum in die Fällrichtung gedrückt.

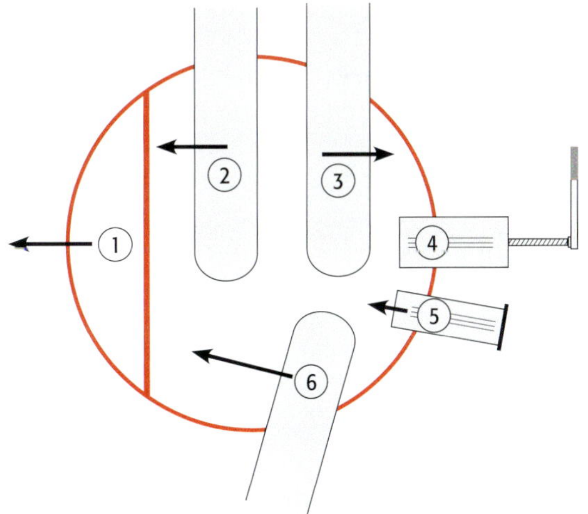

Abb. 243. 1 Fallkerbanlage, 2 + 3 Fällschnitt und Bruchleiste auf der rechten Seite ausformen, 4 mechanischen Fällkeil setzen, 5 Sicherungskeil setzen, 6 Fällschnitt auf der linken Seite fertig sägen.

10.8 Sicher im Sturmholz

Durch den Klimawandel gibt es immer häufiger und in kürzeren Abständen Schadensereignisse im Wald. Bei Wind werden die Bäume angeschoben, geworfen oder abgebrochen. Beim Schneebruch durch Nassschnee geschieht genau das Gleiche. Nur ist in diesem Fall das hohe Gewicht des Schnees verantwortlich. Vom Sturm ist Nadel- und Laubholz gleichermaßen betroffen. Starkes Schneegewicht ist bei Laubholz dann problematisch, solange das Laub auf den Bäumen ist. Durch diese Ereignisse entsteht Schadholz, das Waldbesitzer in ihrem Wald beseitigen müssen.

Für den Waldbesitzer ist die Aufarbeitung sehr gefährlich, da das Holz übereinander liegt und unter Spannung steht. Dazu kommt der wirtschaftliche Schaden, weil dieses Holz nicht mehr zum normalen Marktpreis verkauft werden kann. Mit der Aufarbeitung des Schadholzes sollten Sie so schnell wie möglich beginnen, denn zeitnah stehen meistens noch genügend Forstunternehmer zur Aufarbeitung, Fuhrunternehmer zur Abfuhr und Sägewerke zur Aufnahme der Holzmengen zur Verfügung.

Erfassen Sie zuerst den Zustand Ihres Waldes. Bei einer Begehung in Ihrem Wald können Sie feststellen, ob sie nur von Einzelwürfen oder von größeren Flächenwürfen betroffen sind. Sollten Sie schwer vom Schadholz betroffen sein, stellt sich die Frage, ob Sie dieses selbst aufarbeiten können oder besser ein Forstunternehmen beauftragen sollten.

Wenn Sie das Schadholz selbst aufarbeiten wollen, müssen Sie sich bezüglich der Arbeitsorganisation entsprechende Gedanken machen. Überlegen Sie sich, welche Arbeitsgeräte zur Aufarbeitung nötig sind, zum Beispiel die Seilwinde zum Rücken und Entzerren oder eine starke Motorsäge mit langem Schwert. Beim zuständigen Revierleiter müssen Sie die Aushaltung (Güte und Länge) des Holzes abfragen, damit Sie dieses richtig ablängen und sortieren.

Dabei sollte sich jeder bewusst sein, dass das Schadholz besondere Gefahren birgt. Diese lassen sich aber auf ein Minimum reduzieren, wenn ruhig, überlegt und unter Anwendung fachmännischer Arbeitstechnik gehandelt wird.

Beim Aufarbeiten von Schadholz dürfen auf keinem Fall die Unfallverhütungsvorschriften außer Acht gelassen werden, etwa die persönliche Schutzausrüstung, ein fester Stand bei der Arbeit und kein Sägen über Schulterhöhe. Ganz wichtig ist auch, dass Sie nie allein im Schadholz arbeiten. Siehe auch Kapitel 8 zum richtigen Verhalten bei Unfällen.

10.8.1 Worauf es bei der Arbeit ankommt

Folgende Punkte sind bei der Arbeitsdurchführung sehr wichtig:

Beginnen Sie mit der Arbeit dort, von wo der Sturm gekommen ist, und räumen Sie immer zuerst Ihren Arbeitsplatz frei (Abb. 244).

Fangen Sie mit dem einfachen Baum an und wenden Sie sich erst dann den schwierigen zu. Jeder Stamm muss sorgfältig auf seine Spannungen beurteilt werden. Der Stamm kann hoch- oder zur Seite ausschlagen, der Wurzelteller kann zugehen beziehungsweise offenbleiben oder zum Sägeführer kommen. Die Beurteilung ist umso schwieriger, wenn der Stamm durch Naturverjüngung, Bewuchs oder Schnee verdeckt wird (Abb. 245).

Der Stamm und der Wurzelteller können auch durch Frost festgefroren sein und dadurch nicht so reagieren wie Sie denken. Erwarten Sie beispielsweise, dass der Wurzelteller nach hinten zurück-

Abb. 244. Ein aufgeräumter Arbeitsplatz bringt Sicherheit.

klappt, kann es aber sein, dass er durch den gefrorenen Boden nach dem Abtrennen stehen bleibt. Diesen Wurzelteller müssen Sie dann unverzüglich mit der Seilwinde zurückziehen (Abb. 246).

Geht der Wurzelteller nicht zurück, sollten Sie ihn mit der Seilwinde absichern oder ein Sicherungsstück in verwertbarer Länge belassen. Dieses können Sie dann mit der Seilwinde aufstellen und absägen (Abb. 247).

Vergewissern Sie sich vor dem Abtrennen des Wurzeltellers, dass sich niemand dahinter befindet. Nach der Aufarbeitung sollte kein Wurzelteller mehr übrig sein, der unsicher steht (Abb. 248).

Frisches Schadholz reagiert bei Spannungen noch heftiger als Schadholz, das schon länger liegt. Wenn Zweifel bestehen, sollten Sie sofort die Seilwinde zum Entzerren oder zur Sicherung des Mannes vor gespanntem Holz einsetzen.

Arbeiten Sie nie unter angeschobenen oder hängenden Bäumen, denn diese können bei Wind plötzlich fallen und die Festigkeit des Wurzeltellers ist meist fraglich (Abb. 249).

Wenn abgerissene Gipfelstücke in Nachbarkronen hängen geblieben sind, dürfen Sie darunter nicht arbeiten, da auch diese herunterfallen können.

Wegen der Gefahr von Spannungen und zurückgehenden Wurzeltellern sollte im Flächenwurf immer nur eine Person abtrennen.

Wenn das Holz am Hang abwärts geworfen wurde, sollte immer ein Schutzstück belassen werden, das so groß ist wie der Wurzelteller. Dies verhindert ein Umkippen oder Abrutschen des Wurzeltellers (Abb. 250).

Alle Trennschnitte müssen sich unbedingt treffen. Sägen Sie zuerst die Druckseite, anschließend die Zugseite. Der Schmälerungsschnitt erfolgt in der Regel dort, wo mit Behinderungen gerechnet werden muss, zum Beispiel bei eingeschränktem, beengtem oder ungünstigem Standplatz (Abb. 251).

Der sicherste Standort muss zum Abtrennen als Standseite gewählt werden, hier bietet sich ein Schutz hinter einem Baum oder am Wurzelteller an.

Bäume, die über Brusthöhe abgebrochen und am Stamm hängen geblieben sind, bergen viele Gefahren in sich. Die Bruchstelle ist unbekannt, Druck- und Spannungsverhältnisse im Kronenteil und im Reststamm sind gefährlich (Abb. 252). Deshalb dürfen solche Bäume nicht umgekeilt, sondern müssen im 90 Grad-Winkel gefällt oder die Krone mit der Seilwinde abgezogen werden (siehe auch Kapitel 10.4).

Abb. 245. Die Baumbeurteilung kann durch Naturverjüngung oder Schnee erschwert sein.

Abb. 246. Wenn ein festgefrorener Wurzelteller stehen bleibt, müssen Sie ihn sofort mit der Seilwinde umziehen. Ansonsten fällt er irgendwann unkontrolliert um, wie im Bild zu sehen. Hier liegt der Wurzelteller komplett auf dem abgetrennten Stamm.

Abgebrochene Schaftstücke ohne Krone werden gefällt und müssen umgekeilt werden. Diese können auch mit Hilfe einer Seilwinde, einem mechanischen, hydraulischen oder mechanischen Fällkeil mit Akku-Schlagschrauber gefällt werden. Dabei müssen Sie beachten, dass das Kronengewicht fehlt und die Schaftstücke wieder in die Höhe springen können, wenn sie auf dem Boden aufkommen (siehe Kapitel 10.2 und 10.4).

Nachfolgend werden die Standardsituationen in der Sturmholzaufarbeitung beschrieben.

Abb. 247. Ein Sicherungsstück in verwertbarer Länge stabilisiert den Wurzelteller vorübergehend.

Abb. 248. Vor dem Abtrennen des Wurzeltellers muss sich der Sägenführer vergewissern, dass sich keine Person in dessen Fallbereich aufhält.

Abb. 249. Niemals unter angeschobenen oder hängenden Bäumen arbeiten.

Abb. 250. Ein Schutzstück in der Größe des Wurzeltellers verhindert am Hang das Abrutschen.

Abb. 251. Der Schmälerungsschnitt erfolgt in der Regel auf der arbeitstechnisch schwierigeren Seite.

Abb. 252. Solche Bäume müssen im 90 Grad-Winkel gefällt oder mit der Seilwinde abgezogen werden.

10.8.2 Der Wurzelteller kippt nach hinten

Bei der Situationsbeurteilung stellen Sie fest, dass der Wurzelteller eindeutig nach hinten hängt. Also befindet sich die Druckseite des Stammes unten und die Zugseite oben (Abb. 253).

Auf der gefährlichen Seite wird zuerst ein Schmälerungsschnitt so tief wie möglich mit einlaufender Kette gemacht (Abb. 254).

Anschließend wird auf der sicheren Seite nochmals so viel wie möglich durch den sogenannten Stech- und Druckseitenschnitt mit einlaufender Kette geschmälert (Abb. 255).

Vor dem letzten Schnitt vergewissern Sie sich, dass sich niemand hinter dem Wurzelteller aufhält. Der letzte Schnitt muss so gesägt werden, dass der Sägeführer auf Abstand die Wurzel abtrennt. Dies geht nur, wenn Sie so viel Holz wie möglich mit dem Schmälern entfernt haben. Achten Sie dabei auch auf einen sicheren Stand (Abb. 256).

Abb. 253. Bei der Stammbeurteilung gilt es, die Spannungsverhältnisse zu erkennen; hier Druckseite unten, Zugseite oben.

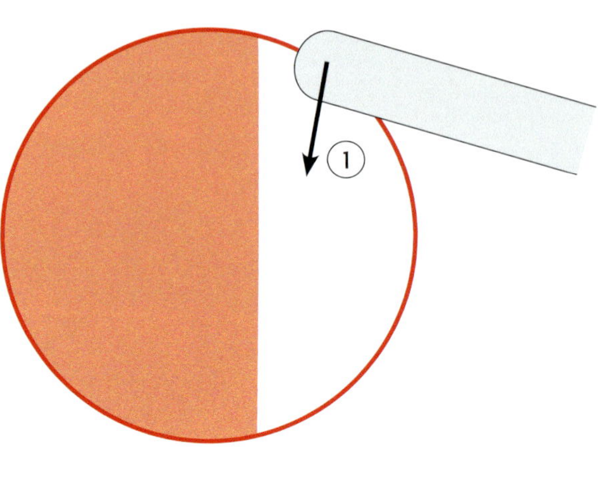

Abb. 254. Mit einlaufender Kette wird der Schmälerungsschnitt so tief wie möglich gemacht, danach erfolgt der Seitenwechsel

Abb. 255. Der Stech- und Druckseitenschnitt wird wieder mit einlaufender Kette gemacht.

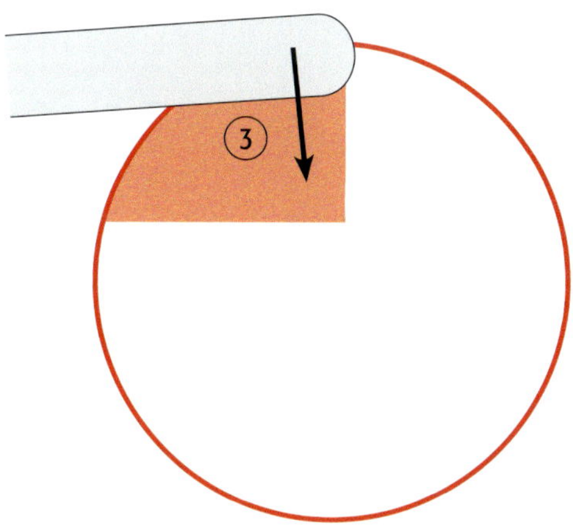

Abb. 256. Der Trennschnitt wird mit einlaufender Kette und ausgestreckten Armen durchgeführt.

10.8.3 Der Wurzelteller kippt nach vorne

Bei der Situationsbeurteilung stellen Sie fest, dass der Wurzelteller eindeutig nach vorne hängt (Abb. 247). Also befindet sich die Druckseite des Stammes oben und die Zugseite unten. Sie können die Spannungsverhältnisse mit Hilfe einer Seilwinde umkehren. Das heißt, Sie bringen das Seilwindenseil über den Wurzelteller am geworfenen Baum vor der Abtrennstelle an und legen ein Holzstück quer unter das Seil. Dieses Holz dient dazu, dass das Seil nicht in den Wurzelteller hineingezogen wird. Dann bringen Sie das Windenseil auf Zug, damit sind die Spannungsverhältnisse umgekehrt. Dann ist die Schnittfolge wie bei der Situation 10.8.2.

Belassen Sie ein Schutzstück: Beim Abtrennen muss dieses mindestens so lang sein, wie die Höhe des Wurzeltellers oder in einer verwertbaren Länge, damit Sie dieses dann später mit der Seilwinde aufstellen können. Diese Schutzstück können Sie dann, wie in Kapitel 9.4.1 beschrieben, fällen.

Auf der gefährlichen Seite wird zuerst ein Schmälerungsschnitt so tief wie möglich mit einlaufender Kette gemacht (Abb. 254). Anschließend wird auf der sicheren Seite nochmals so viel wie möglich auf der Druckseite von oben mit einlaufender Kette geschmälert.

Liegt der Stamm in der Höhe, können Sie von der Zugseite von unten nach oben mit auslaufender Kette das restliche Holz durchtrennen. Achtung: Das Schutzstück und der Stamm fallen dann plötzlich auf den Boden (Abb. 257, rechts).

Liegt der Stamm wie in Abb. 247 auf dem Waldboden auf, müssen Sie zuerst mit einlaufender Kette den sogenannten Stechschnitt auf der Zugseite machen und dann mit auslaufender Kette nach oben zum Druckseitenschnitt sägen.

10.8.4 Der Baum ist auf Brusthöhe gebrochen

Bei der Situationsbeurteilung stellen Sie fest, dass der Baum in Brusthöhe abgebrochen ist. Er liegt auf der Krone und dem Baumstumpf auf. Stellen Sie zuerst fest, ob der Stamm nur lose auf dem Baumstumpf aufliegt, denn dann besteht die Gefahr, dass er während der Schnittfolge herunterfallen kann. Wenn eine Seilwinde vor Ort zur Verfügung steht, können Sie den abgebrochenen Stamm herunterziehen. Sägen Sie nicht über Schulterhöhe. Die Spannungsverhältnisse sind wie folgt: Die Zugseite ist unten und die Druckseite oben (Abb. 257).

Führen Sie den ersten Schnitt als Schmälerungsschnitt von oben nach unten mit einlaufender Kette. Dann erfolgt der Seitenwechsel, gehen Sie dabei

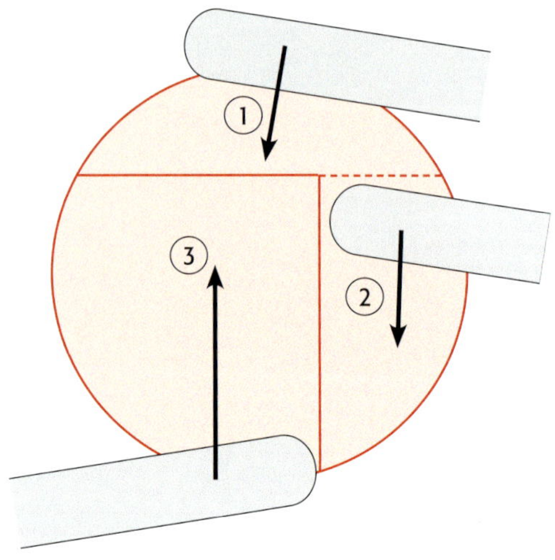

Abb. 257. Für die richtige Schnittfolge ist das Erkennen der Druck- (oben) und Zugseite (unten) wichtig.

nicht unter dem Stamm durch. Der zweite Schnitt erfolgt dann auf der Stammoberseite als Schmälerungsschnitt auf der Druckseite mit einlaufender Kette. Der dritte Schnitt wird mit auslaufender Kette von unten nach oben als Zugseiten- und Trennschnitt geführt. Vorsicht: Der Stamm fällt oder reißt während des Sägens plötzlich und fällt dann auf den Boden.

10.8.5 Der Wurzelteller kippt nach hinten und schlägt nach oben

Bei der Situationsbeurteilung stellen Sie fest, dass der Wurzelteller eindeutig nach hinten hängt und dieser nach oben schlägt. Das seitliche Ausschlagen kann ausgeschlossen werden, da der Stamm in den Wurzelteller gedrückt wurde. Also befindet sich die Druckseite des Stammes unten und die Zugseite oben (Abb. 258).

Auf der gefährlichen Seite wird zuerst ein Schmälerungsschnitt so tief wie möglich gemacht (Abb. 259).

Anschließend wird auf der sicheren Seite nochmals so viel wie möglich durch den sogenannten Stech- und Druckseitenschnitt geschmälert.

Jetzt ist es wichtig, dass Sie mit ausgestreckten Armen den Zugseitenschnitt führen (Abb. 260), damit Sie aus dem Gefahrenbereich des hochschnellenden Baumes kommen.

Abb. 258. Je komplexer die Situation, desto mehr Zeit sollte man sich für die Beurteilung lassen.

Abb. 259. Zuerst wird ein Schmälerungsschnitt auf der gefährlichen Seite gemacht.

Abb. 260. Ausgestreckt Arme beim Zugseitenschnitt sorgen für mehr Sicherheit.

Abb. 261. Der Sturm hat diese Fichte angeschoben und den Wurzelteller leicht angehoben.

Abb. 263. Wie bei einem Vorgänger wird zuerst das Fallkerbdach gesägt, um ein mögliches Einklemmen der Schiene zu vermeiden.

Abb. 262. Durch das Ausheben des Wurzeltellers können Hohlräume entstehen, in denen ein Arbeiten nicht möglich ist.

10.8.6 Angeschobene Fichte

Bei der Situationsbeurteilung stellen Sie fest, dass eine Fichte angeschoben ist (Abb. 261).

Die Fichte hängt weit nach vorne und den Wurzelteller hat es angehoben, sodass Sie bis zum Knie im Wurzelloch stehen (Abb. 262). Solche Hohlräume sind gefährlich und erlauben kein sicheres Arbeiten.

Beim Abtrennen des Haltebandes kann Folgendes passieren: Der Wurzelteller klappt plötzlich nach hinten, der Baum fällt nach dem Abtrennen auf den Boden oder er bleibt hängen.

Um diesen Baum zu fällen, müssen Sie die Fälltechnik vom Vorhänger anwenden. Bei der Fallkerbanlage sägen Sie jetzt zuerst das Fallkerbdach (Abb. 263).

Wenn Sie zuerst die Fallkerbsohle sägen, wird es Ihnen durch den hohen Druck die Motorsägenschiene mit hoher Wahrscheinlichkeit einklemmen. Danach wird die Fallkerbsohle herausgesägt (Abb. 264).

Abb. 264. Im zweiten Schritt sägen Sie die Fallkerbsohle.

Abb. 266. Nun durchtrennen Sie das Halteband.

Abb. 265. Entgegen der Hangrichtung wird das Halteband ausgeformt.

Abb. 267. Nach Abtrennen der Bruchleiste fällt der Baum. Bleibt er hängen, ziehen Sie ihn mit einer Winde ab.

Merken Sie dabei, dass der Schnitt durch den Druck zumacht, müssen Sie ihn erweitern. Jetzt wird der Fällschnitt ausgeführt und entgegen der Hangrichtung das Halteband ausgeformt (Abb. 265).

Nach dem Achtungs-Ruf suchen Sie sich einen sicheren Standplatz und trennen das Halteband ab (Abb. 266).

Der Wurzelteller klappt, wie in der Situationsbeurteilung festgestellt, nach hinten und der Baum bleibt hängen. Daher müssen Sie jetzt die Bruchleiste durchtrennen (Abb. 267).

Dies geschieht wie in Kapitel 10.1.1 und 10.1.2 beschrieben. Nach dem Durchtrennen der Bruchleiste fällt der Baum entweder von selbst oder

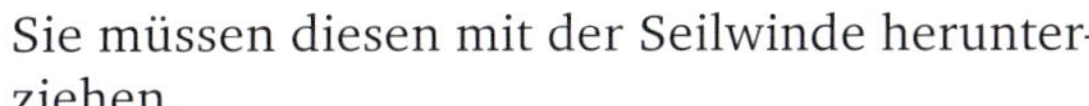

Sie müssen diesen mit der Seilwinde herunterziehen.

10.8.7 Abtrennen von zwei geworfenen Buchen

Bei der Situationsbeurteilung stellen Sie fest, dass es zwei Buchen geworfen hat. Beide Wurzelteller kippen nach dem Abtrennen nach hinten. Durch ihre schweren, großen Kronen und Wurzelteller sind die Spannungen deutlich größer als im Nadelholz. Ein weiteres Problem ist oft, dass der Stamm in den Boden gedrückt ist und der Wurzelteller nicht wieder richtig zugeht (Abb. 268).

Abb. 268. Durch große Kronen und Wurzelteller ist im Laubholz, hier zwei Buchen, die Spannung im Stamm deutlich größer als im Nadelholz.

Abb. 269. Durch Einkürzen lässt sich das Gewicht der geworfenen Stämme reduzieren.

Abb. 270. Nach dem Einkürzen des Stammes hat sich die Buche wieder etwas aufgerichtet und die Spannung im Holz ist nicht mehr so groß.

Abb. 271. Die Situation nach der Aufarbeitung.

Abb. 272. Drei geworfene Fichten überlagern sich.

Abb. 273. Die Fichte links im Bild kann nach oben schlagen.

Abb. 274. Bei allen drei Fichten wird der Schmälerungsschnitt auf der linken Seite gemacht.

Abb. 275. Nach Abtrennen der dritten Fichte kippen die Wurzelteller zurück.

Daher ist es sinnvoll, die Stämme auf eine verwertbare Länge einzukürzen, um das Gewicht zu reduzieren (Abb. 269)

Die Schnitttechnik sieht gleich aus wie in Situation 10.8.5. Hier sieht man deutlich, wie der Buchenstamm durch das Einkürzen nach oben gegangen ist (Abb. 270).

Jetzt können Sie den Buchenstamm an der Wurzel mit der in Situation 10.8.2 beschriebenen Schnitttechnik abtrennen. Die zweite Buche wird gleich abgetrennt wie die erste Buche (Abb. 271).

10.8.8 Abtrennen von drei geworfenen Fichten

Bei der Situationsbeurteilung stellen Sie fest, dass es drei Fichten geworfen hat (Abb. 272).

Jetzt müssen Sie bei dieser Kleinserie Ihre Vorgehensweise planen und die Situation beurteilen. Sie stellen fest, dass bei allen drei Fichten die Wurzelteller jeweils nach hinten kippen. Bei Fichte eins (links) kommt noch hinzu, dass diese nach oben schlägt, da sie auf dem Wurzelteller der zweiten Fichte aufliegt (Abb. 273).

Trennen Sie jetzt die geworfenen Fichten in folgender Reihenfolge und Schnitttechnik ab:

Der Schmälerungsschnitt wird bei allen drei Fichten in Fallrichtung gesehen auf der linken Seite gemacht (Abb. 274).

Die erste Fichte wird wie in Situation 10.8.5 beschrieben und die zweite und dritte Fichte wird wie in Situation 10.8.2 beschrieben durchtrennt.

Wird die dritte Fichte (Abb. 275) zum Schluss abgetrennt, kippen alle drei Wurzelteller zurück (Abb. 276).

Zur Sturmholzaufarbeitung gibt es einen Leitfaden (DGUV Information 214-048), der beim Bundesverband der Unfallkassen unter www.uk-bw.de zu finden ist. Dieses Heft ist allerdings ausschließlich für Profis geeignet.

Abb. 276. Die Situation nach der Aufarbeitung.

11 Die Aufarbeitung

Bei der Aufarbeitung eines gefällten Baumes kommt es auf die Entastungstechnik und das gewünschte Holzsortiment an.

11.1 Entastung von Nadelholz

Die Entastung beansprucht einen hohen Zeitanteil bei der Aufarbeitung, deshalb ist es wichtig, dass Sie den Stamm auf Unterlagen fällen. Dadurch liegt der Stamm zur Entastung höher und eine ergonomische Körperhaltung ist möglich (Abb. 277). Ist dies nicht möglich, sollten Sie so weit wie möglich abknien, siehe auch Kap. 12.

Abb. 277. Liegt der Stamm auf einer Unterlage, ergibt sich eine günstigere Arbeitshöhe.

Durch das Auflegen der Motorsäge auf dem Stamm können Sie Kraft sparen sowie Vibrationen und Gewicht reduzieren.

Wenn Sie bei der Entastung von Astkranz zu Astkranz gehen, sollte die Motorsäge immer auf der rechten Seite des Stammes sein, das heißt, der Stamm befindet sich beim Gehen zwischen dem Motorsägenführer und der Motorsäge. Beim Wegräumen von hindernden Ästen sollten Sie dies immer mit der rechten Hand machen, die Kettenbremse einlegen oder die Motorsäge wegstellen und die Äste mit beiden Händen wegräumen. Achten Sie auch darauf, dass Sie nicht mit der Schienenspitze sägen oder einen anderen Ast berühren, damit es nicht zu einem plötzlichen Hochschlagen der Motorsägenschiene kommt (Kick-back, siehe Kap. 4.4.2).

Bei der Entastung von Nadelholz können Sie in der Regel im Dürrastbereich die Äste auf der rechten Seite bis zum Beginn des Grünastbereiches mit auslaufender Kette wegsägen (Abb. 278). Die Äste an der Stammoberseite werden je nach Position/Lage mit ein- beziehungsweise auslaufender Kette weggesägt (Abb. 279). Die Äste auf der linken Seite des Stammes werden mit einlaufender Kette weggesägt (Abb. 277). Wenn Sie den Astkranz weggesägt haben, geht die Motorsäge wieder auf die rechte Seite und Sie bewegen sich zum nächsten Astkranz.

Je weiter Sie zur Krone/Grünastbereich kommen, desto schwerer werden die Äste oder stehen unter Spannung. Deshalb sollten Sie immer in der Stammmitte mit der Entastung beginnen (Abb. 280). Dabei werden die Äste mit einlaufender Kette gestümmelt, wo Spannung erkennbar ist (Abb. 281). Anschließend wird der Ast, wenn möglich, mit einlaufender Kette rindeneben weggesägt

Rechte Seite:
Abb. 278 (oben links). Bis etwa zur Stammmitte kann mit auslaufender Kette entastet werden.
Abb. 279 (oben rechts). Ab Stammoberseite wird mit ein- beziehungsweise auslaufender Kette entastet.
Abb. 280 (unten links). Aufgrund der Spannungsverhältnisse sollte mit dem Entasten etwa in Stammmitte begonnen werden.
Abb. 281 (unten rechts). Das Stümmeln nimmt die Spannung aus den Ästen.

PFANNER
SCHUTZBEKLEIDUNG MIT SYSTEM
HOHENEMS

Abb. 282. Im nächsten Schritt werden die Astreste rindeneben abgesägt.

Abb. 283. Der Stamm zwischen Säge und Mensch schützt den Motorsägenführer.

(Abb. 282). Die kurzen Aststummel kann man bei Bedarf ohne großen Kraftaufwand wegräumen und die Stolpergefahr beim Gehen wird durch die kurzen Äste reduziert. Bei der Restentastung (maximal ein Drittel) sollten Sie den Stamm nur so weit drehen, dass Sie die Äste mit auslaufender Kette und im Vorwärtsgehen wegsägen können. Dabei befindet sich der Stamm immer zwischen Motorsägenführer und Motorsäge (Abb. 283).

11.1.1 Aufarbeitung von Nadelholz am Hang

Bei der Aufarbeitung am Hang sollten Sie nie untereinander arbeiten, damit Sie nicht von abrollenden und abrutschenden Stammteilen getroffen werden können. Wenn Sie den Baum nicht in Falllinie des Hanges gefällt haben und die Gefahr besteht, dass

Rechte Seite:
Abb. 284 (oben links). Beim Entasten hangabwärts ist die Körperhaltung nicht optimal.
Abb. 285 (oben rechts). Beim Entasten hangaufwärts kann der Körper gegen den Stamm entlastet werden.
Abb. 286 (unten links). Beim Trennschnitt niemals auf der gefährlichen Talseite stehen.
Abb. 287 (unten rechts). Das Trennen beginnt mit einem Schmälerungsschnitt auf der Hangunterseite.

der Stamm während der Entastung abrollt, sollten Sie immer von der Bergseite aus entasten.

Wenn Sie Nadelholz am Hang nach unten fällen, müssen Sie den größten Teil der Entastung von oben nach unten durchführen. Dadurch ist der Stamm weiter weg und die Körperhaltung nicht optimal (Abb. 284). Desweitern ist die Stolper- und Sturzgefahr größer und man muss den Baum eventuell gegen die natürliche Hangrichtung fällen (erhöhte Keilarbeiten). Wird der Baum am Hang nach oben gefällt, können Sie den größten Teil der Entastung in optimaler Haltung durchführen (Abb. 285).

Bei der Aufarbeitung des gefällten Baumes sollten Sie sich vor dem Abtrennen Gedanken machen, auf welcher Seite Sie stehen. Wenn Sie feststellen, dass der Stamm ins Abrollen kommt, sobald er abgesägt wird, dürfen Sie beim Trennschnitt nicht auf der Hangunterseite/Talseite stehen (gefährliche Seite), da Sie dort vom Stamm überrollt werden (Abb. 286).

Gehen Sie wie folgt vor: Machen Sie auf der Hangunterseite (gefährliche Seite) einen Schmälerungsschnitt mit einlaufender Kette (Abb. 287 + 288 Schnitt 1). Wechseln Sie jetzt den Standplatz, damit Sie auf der oberen Seite des Hanges stehen (sichere Seite). Von dort aus führen Sie den zweiten Schnitt mit einlaufender Kette als Schmälerungsschnitt auf der Druckseite aus (Abb. 288, Schnitt 2). Achtung, es besteht Klemmgefahr. Der dritte Schnitt wird von der Zugseite mit einlaufender Kette als Trennschnitt mit ausgestreckten Armen geführt. Bei diesem Trennschnitt geht es dann ganz schnell, sodass ein Wegkommen auf der Hangunterseite unmöglich wäre (Abb. 288, Schnitt 3 und 289). Wichtig ist, dass sich alle drei Schnitte treffen.

Abb. 288. Die Schnittfolge im Querschnitt: Schnitt 1 - Schmälerungsschnitt, Schnitt 2 - Schmälerungsschnitt von der Druckseite und Schnitt 3 - Trennschnitt.

Abb. 289. Wird der letzte Trennschnitt geführt, geht es ganz schnell: Die Stammteile können hangabwärts rollen und ein rechtzeitiges Wegkommen wäre unmöglich.

Abb. 290. Beim Laubholz werden die Äste von Anfang an gestümmelt.

Abb. 291. Ist die Spannung genommen, werden die Äste endgültig abgesägt.

11.2 Entastung von Laubholz

Bei der Entastung von Laubholz gehen Sie in der Regel gleich vor wie beim Nadelholz, nur wird hier im schwachen Laubholz gleich mit dem Stümmeln der Äste begonnen (Abb. 290) und danach der Ast stammeben abgesägt. Bei starken, großen Laubholzkronen beginnt man auf der linken Seite mit dem Stümmeln der Äste (Abb. 292), geht um die Krone herum auf der rechten Seite zum Stammfuß zurück und stümmelt dort alle Äste. Dann beginnt man wieder von unten und sägt alle gestümmelten Äste mit ein- beziehungsweise auslaufender Kette rindeneben weg (Abb. 291). Bei dieser Technik ist zwar der Laufweg größer, aber man kann alle Äste dort absägen, wo die Spannung besser erkennbar ist und die Motorsägenschiene klemmt nicht so oft ein. Der Profi entastet die starke, große Laubholzkrone gleich wie das schwache Laubholz. Das heißt, er stümmelt die Äste, wo die Spannung erkennbar ist, und sägt den Ast dann gleich rindeneben ab. Dadurch spart er den Laufweg um die Laubholzkrone herum.

Abb. 292. Bei starkem Laubholz wird die Krone zunächst komplett gestümmelt.

11.2.1 Aufarbeitung von Laubholz am Hang

Bei der Aufarbeitung und Rücken am Hang sollten Sie nie untereinander arbeiten, damit Sie nicht von abrollenden, abrutschenden Stammteilen und Steinen getroffen werden können. Wenn Sie den Baum nicht in Falllinie des Hanges gefällt haben und die Gefahr besteht, dass der Stamm während der Entastung abrollt, sollten Sie immer von der Bergseite aus entasten.

Das Laubholz wird in der Regel hangabwärts gefällt. Sollten Sie nach oben fällen müssen, dann nur mit Seilwindenunterstützung. Wenn das Laubholz im unbelaubtem Zustand gefällt wird, können Sie eine bessere Baumbeurteilung machen und Gefahren deutlicher erkennen. Bei der Fällung und Aufarbeitung ist es wichtig, dass Sie jede Situation immer wieder auf das Neue beurteilen.

Bei der Aufarbeitung des gefällten Baumes sollten Sie sich vor dem Abtrennen Gedanken machen, auf welcher Seite Sie stehen. Wenn Sie feststellen, dass der Stamm ins Abrollen kommt, sobald er abgesägt wird, dürfen Sie beim Trennschnitt nicht auf der Hangunterseite/Talseite stehen (gefährliche Seite), da Sie dort vom Stamm überrollt werden (siehe Abb. 286 Kap. 11.1.1). Außerdem kann eine über die Hangkante hängende Krone beim Trennschnitt nach oben schlagen und dabei auf den Weg abrutschen, den man nicht einsehen kann. Gehen Sie wie folgt vor:

Machen Sie auf der Hangunterseite (gefährliche Seite) einen Schmälerungsschnitt mit einlaufender Kette (Abb. 293, links). Wechseln Sie jetzt den Standplatz, damit Sie auf der oberen Seite des Hanges stehen (sichere Seite). Führen Sie anschließend den zweiten Schnitt mit einlaufender Kette als Schmälerungsschnitt auf der Druckseite aus. Der dritte Schnitt wird von der Zugseite mit einlaufender Kette als Trennschnitt mit ausgestreckten Armen geführt. Bei diesem Trennschnitt geht es dann ganz schnell, sodass ein Wegkommen auf der Hangunterseite unmöglich wäre (Abb. 293). Wichtig ist, dass sich alle drei Schnitte treffen.

Abb. 293. v. l.: Im ersten Schritt von der gefährlichen Seite aus einen Schmälerungsschnitt vornehmen. Von der Bergseite aus wird ein zweiter Schmälerungsschnitt geführt. Das Durchtrennen des Stammes erfolgt mit gestreckten Armen.

11.3 Stammholz richtig vermessen

Bei der Aufarbeitung und Vermessung von Stammholz gibt es vieles zu beachten. Daher ist es wichtig, dass Sie sich beim zuständigen Revierleiter Informationen über die Aushaltung und Aufarbeitungsanforderungen holen, da die Anforderungen an Güte, Qualität, Länge, Durchmesser und Zumaß vom jeweiligen Holzkäufer abhängig sind. Nachfolgend erhalten Sie ein paar Tipps, wie Sie Ihr Holz am besten aushalten und aufarbeiten.

Bevor Sie den Baum fällen, sollten Sie ihn genau auf äußere Rindenmerkmale hin anschauen. Dies können alte Fäll- oder Rückeschäden am Baummantel oder am Stammfuß sein. Oft ist dies ein Hinweis, dass das Holz eine Fäule (Rotfäule) hat. Nach dem Fällen werden der Waldbart, also die Bruchleiste, sowie die Wurzelanläufe stammwalzenförmig beigesägt (Abb. 294). Schauen Sie sich nach der Fällung die Stirnseite des gefällten Baumes ganz genau an. Ist sie komplett weiß, handelt es sich um eine normale Stammholzqualität (Abb. 295). Wenn die Stirnseite eine Fäule aufweist, so ist die Qualität schlecht und die befallene Stelle muss vom Stamm abgetrennt werden.

Beim Einhängen des Maßbandes ist die Fallkerbgröße ausschlaggebend. Die normale Fallkerbgröße beträgt ein Viertel bis ein Drittel des Stammdurchmessers, Fallkerbsohle beziehungsweise Fallkerbdach haben ein Verhältnis eins zu eins und der Fallkerbwinkel ist 45 bis 60 Grad. Messbeginn ist die Fallkerbmitte (Abb. 296, oben), außer der Fallkerbwinkel und das Fallkerbdach sind deutlich größer als beim normalen Fallkerb. In diesem Fall ist der Messbeginn am Anfang vom Fallkerbdach. Hängen Sie jetzt das Maßband dort ein, wo das Fallkerbdach (Abb. 296, unten) beginnt. Wenn das auszuhaltende Stück eine Gesamtlänge von 4,0 m hat, wird die Mitte mit einem Strich oder Stern auf 2,0 m gekennzeichnet (Abb. 297, links). Haben Sie die 4,0 m erreicht, wird ein Strich gemacht, dies ist die Stammlänge ohne Zumaß. Bei Stammholz gibt man pro Laufmeter ein Zumaß von mindestens 1,0 cm dazu (Abb. 297 rechts).

Ist der Durchmesser beim Messen größer als Ihre 40 cm-Kluppe (Abb. 298), müssen Sie eine 60 cm-

Abb. 294. Beisägen von Wurzelanläufen und Waldbart.

Abb. 295. Zweiter Qualitätsscheck: Die Stamm-Stirnseite muss gesund sein.

Kluppe zum Messen verwenden. Es erfolgen dann zwei Messungen rechtwinklig zueinander. Beide Messungen werden dann gemittelt und forstüblich abgerundet (zum Beispiel 42 cm und 45 cm = 43,5 cm, dann werden 43 cm angeschrieben).

Wird das Stammholz in langer Form aufgearbeitet, das heißt über 10,0 m, bestimmt der Mittendurchmesser den Zopfdurchmesser (Aufarbeitungszopf). Dieser wird durch einmaliges Kluppen am liegenden Stamm im Wald ermittelt, zum Beispiel:

- unter 26 cm mit Rinde Mittendurchmesser kann man den Stamm bis zu einem Zopf von 13 cm mit Rinde aufarbeiten/aushalten,
- über 26 cm mit Rinde Mittendurchmesser kann man den Stamm bis zu einem Zopf von 15 cm mit Rinde aufarbeiten/aushalten.

Die Äste müssen Sie rindeneben entfernen, danach müssen Sie den Stamm wenden und die Unterseite sauber entasten. Wenn Sie nur unter den Stamm mit der Motorsägenschiene hindurchfahren, bleiben oft Aststummel stehen, die auch beim Rücken nicht weggehen. Schreiben Sie jetzt den Stamm deutlich an. Die schlechten und die guten Stammteile sollten jeweils getrennt gepoltert werden. Damit der Polter nicht direkt auf der Erde liegt, sollte immer ein Rundholz quer unter der Stirnseite liegen (siehe Kap. 14).

Abb. 297. Das Sortiment bestimmt die Auszeichnung. Links: Kennzeichnen der Stammmitte. Dabei auf das Zumaß achten (rechts).

Abb. 296. Die Fallkerbgröße bestimmt den Beginn der Längenmessung.

Abb. 298. Zu klein: Die Messkluppe muss zum Stamm passen.

11.4 Brennholz aufarbeiten

Die Unfallgefahr bei der Brennholzaufarbeitung wird gerne unterschätzt. Auch das Brennholz in liegender Form auf dem Polter birgt Gefahren, die Sie aber bei Beachtung der folgenden Tipps gering halten können.

Auch bei der Brennholzaufbereitung sollten Sie unbedingt immer die komplette persönliche Schutzausrüstung tragen und zum Einschneiden des Brennholzes auf Meterstücke brauchen Sie eine Motorsäge, die auf dem Stand der Technik ist und alle Sicherheitseinrichtungen besitzt.

Zur Aufarbeitung benötigen Sie geeignetes Werkzeug, wie es in Abb. 299 zu sehen ist:

- Wendehaken,
- Spalthammer,
- Kluppmessstock,
- CutControl-Ablänghilfe,
- Duraluminiumkeil,
- Handsappi,
- Motorsäge und einen
- Kombikanister für Öl/Treibstoff mit Einfüllsystem.

Zum Ablängen des Holzes gibt es verschiedene Hilfsmittel. Der Kluppmessstock mit Anschlagkralle und Reißer eignet sich für Meter-Stücke (Abb. 300). Die CutControl-Ablänghilfe gibt es in verschiedenen Längen, sie kann an die Motorsäge angebracht werden. Durch eine Schnellkupplung wird der An- und Abbau vereinfacht (Abb. 301).

Oft ist das Abtrennen des Holzes schwierig, da Spannungen (Druck/Zug) nicht gesehen werden und Sie wenig Platz zum Sägen haben. Um das Einklemmen der Motorsäge zu verhindern, sägen Sie von oben nach unten in den Stamm. Anschließend setzen Sie einen Keil in den Motorsägenschnitt, sodass beim Weitersägen die Kette nicht berührt wird (Abb. 301, rechts). Jetzt können Sie den Stamm durchsägen, ohne dass die Motorsägenschiene im Schnitt eingeklemmt wird.

Sollte zum Durchtrennen des Holzes ein Stechschnitt erforderlich sein, dürfen Sie ihn nicht mit der Schienenspitze (Abb. 33) durchführen, denn dabei besteht die Gefahr, dass die Schiene plötzlich nach oben geschleudert wird (Kick-back). Der Stechschnitt wird richtig ausgeführt, indem Sie das Maschinenteil tiefer als die Schienenspitze halten (Abb. 33).

Auch bei der Brennholzaufarbeitung gilt: Ergonomisches Arbeiten entlastet den Körper (siehe Kap. 12.3).

Nicht alleine arbeiten

Ganz wichtig ist auch, dass Sie Brennholz nie alleine aufarbeiten. Bei einem Unfall kann es Ihr Leben retten, wenn jemand vor Ort ist, der Erste Hilfe leistet, den Notruf absetzt und den Rettungsdienst zur Unfallstelle holt.

Abb. 299. Das passende Werkzeug erleichtert die Arbeit und verringert die Unfallgefahr.

Abb. 300. Zum Ablängen von Meterstücken ist der Kluppmessstock gut geeignet.

Abb. 301. (links) Die Ablänghilfe gibt es in diversen Längen.
(rechts) Ein Keil nimmt die Spannung beim Trennen.

12 Ergonomie schont den Körper

Körperliche Tätigkeiten haben einen hohen Anteil an der täglichen Arbeit im Wald. Deshalb kommt einer ergonomischen Körperhaltung größte Bedeutung zu. Durch häufiges Heben und Tragen von Lasten in ungünstiger Körperhaltung wird nicht nur die Muskulatur stark belastet. Gerade bei der Haltearbeit, auch statische Arbeit genannt, wird besonders das Skelett mit der Wirbelsäule und den Bandscheiben einer hohen Belastung ausgesetzt. Anhand der nachstehenden Bilder können Sie erkennen, wie sich diese Belastung reduzieren lässt.

12.1 Gute Haltungsnoten

Beim Anwerfen der Motorsäge (siehe auch Kap. 4.3) ist Folgendes zu beachten: Das Starten der Motorsäge, wie in Abb. 27 gezeigt, ist so nicht erlaubt. Richtig: Klemmen Sie die Motorsäge zwischen beide Oberschenkel (Abb. 28) oder knien Sie auf die Motorsäge. Dabei wird sie fest auf den Boden gedrückt (Abb. 29). Die Schiene darf keinen Bodenkontakt haben.

Beim Beisägen von Wurzelanläufen und Anlegen eines Fallkerbs ist Folgendes zu beachten: Abb. 302 zeigt die falsche Arbeitshaltung: Der Waldarbeiter steht mit fast durchgedrückten Beinen und rundem Rücken, die Säge ist weit weg vom Körper. Dies führt zu einer hohen Belastung von Muskulatur und Wirbelsäule. Richtig ist es in Abb. 303 + 304: Durch das Hinknien und Aufstützen eines Armes am Oberschenkel kommt die Motorsäge näher zum Körper und der Rücken ist dabei gerade. Auch durch Beugen der Knie und Hüftgelenke kommt die Motorsäge zum Körper und der Rücken bleibt gerade. Ein regelmäßiger Haltungswechsel entlastet zusätzlich.

Gleiches gilt für die Fällkerbanlage. Abb. 304 zeigt die richtige Haltung beim Fällschnitt. Diesen sollten Sie entweder durch Abknien oder Beugen der Knie durchführen. Wenn Sie zur Schwachholzfällung bis 25 cm Brusthöhendurchmesser eine Fällhilfe zum Fällen verwenden, sollten Sie auch richtig damit umgehen. Beim Fällschnitt dürfen Fällhilfe und Motorsägeschiene nicht im gleichen Schnitt sein, daher müssen Sie einen versetzen Schnitt führen (siehe auch Kap. 9.3).

Mit der Fällhilfe bringen Sie den Baum in Vorlage. Abb. 305 zeigt, wie man es nicht machen soll: Der Waldarbeiter steht mit gestrecktem Bein und drückt den Baum aus dem Rücken heraus in Vor-

Abb. 302. Falsch: Durchgedrückte Beine und ein runder Rücken. Die Säge ist weit weg vom Körper.

Abb. 303. Richtig: Durch Abknien kommt die Säge näher zum Körper, der Rücken bleibt gerade.

Abb. 304. Richtig: Auch beim Beugen von Knien und Hüftgelenken bleibt der Rücken gerade.

Abb. 305. Falsch: Der Baum wird in Vorlage aus dem Rücken heraus mit durchgestreckten Beinen gedrückt.

Abb. 306. Falsch: Der Baum wird in Vorlage aus dem Rücken heraus mithilfe der rechten Hand gedrückt.

Abb. 307. Richtig: Aus der Hocke wird mithilfe der ausgeprägten Oberschenkelmuskulatur der Stamm umgehebelt.

lage. Dies ist eine hohe Belastung für den Rücken. Die in Abb. 306 gezeigte Situation sieht zwar besser aus, ist aber auch falsch. Es wird wieder aus dem Rücken heraus gedrückt. Richtig ist die Haltung in Abb. 307: Aus der Hocke mithilfe der ausgeprägten Oberschenkelmuskulatur den Baum umdrücken: Der Rücken bleibt dabei gerade.

Abb. 308. Falsch: Die Beine sind gerade, der Rücken ist rund.

Abb. 309. Falsch: Das Gewicht der Säge wird ausschließlich aus dem Rücken heraus getragen.

12.2 Entlasten beim Entasten

Die Abb. 308 bis Abb. 310 zeigen, dass die Arbeitstechnik und die Ergonomie beim Entasten nicht stimmen: Die Beine sind wieder gerade und der Rücken rund (Abb. 308). Die Motorsäge liegt nicht auf dem Stamm auf, was eine sehr hohe Belastung für die Bandscheiben darstellt (Abb. 309). Ebenfalls falsch ist die Arbeitssituation in Abb. 310: Nicht laufen, wenn Sie auf der Ihnen zugewandten Seite entasten und nicht mit der Schienenspitze arbeiten. Die in Abb. 311 eingesetzte Motorsäge ist für Entastungsarbeiten zu schwer. Trotz der langen Schiene stehen Sie mit rundem Rücken.

Bei der Entastung ist es wichtig, dass die Motorsäge auf dem Stamm aufliegt und so nah wie möglich am Körper ist. Die Arme sind im Wechsel auf dem Oberschenkel abgestützt. In den Abbildungen 312 und 313 sieht man deutlich, dass die Motorsäge auf dem Stamm aufliegt, der Rücken so gerade wie möglich ist und die Arme im Wechsel auf dem Oberschenkel abgestützt werden. Richtig ist: breitbeiniger Stand, gebeugte Knie (Abb. 312) und auf dem Stamm abgekniet (Abb. 313).

Wenn Sie diese ergonomischen Grundregeln einhalten, werden die Wirbelsäule und die Bandscheiben trotz schwerer Arbeit nicht zu stark belastet.

Abb. 310. Falsch: Nicht mit der Schienenspitze entasten (Kick-back).

Abb. 311. Diese Säge ist zu schwer zum Entasten.

Abb. 314. Beim Spalten nicht über (links), sondern neben dem Meterstück stehen (rechts).

Linke Seite unten:
Abb. 312 (links unten). Richtig: Breitbeiniger Stand, die Säge wird auf dem Stamm abgestützt.
Abb. 313 (rechts unten). Richtig: Das Abknien auf dem Stamm entlastet den Sägenführer.

12.3 Beim Brennholz Kräfte sparen

Beim Aufarbeiten von Brennholz wenden Sie die Stämme am besten mit einem Wendehaken. Zum Spalten der Meter-Stücke eignet sich im Laubholz am besten der Spalthammer mit seinem stumpfen Spaltwinkel. Stehen Sie beim Spalten nicht über dem Meterholz, sondern immer seitlich (Abb. 314). Beginnen Sie bei Laubholz immer auf der dünnen Seite. Dadurch treffen Sie die Stirnseite besser, beschädigen nicht den Stiel und verringern die Unfallgefahr.

Um eine schnelle Ermüdung zu verhindern, sollten Sie beim Heben und Tragen des Schichtholzes Hilfsmittel verwenden. Wenn Sie das Holz ohne Hilfsmittel aus dem Rücken heraus aufheben, ist die Belastung für Rücken und Wirbelsäule zu hoch (Abb. 315). Heben Sie deshalb das Gewicht aus den Knien heraus, dabei hilft Ihnen der Handsappi.

Abb. 315. Ergonomisch richtig arbeiten, v. l.: Das Holz nicht aus dem Rücken heben, sondern mit einem Hilfsmittel wie dem Handsappi. So lassen sich die Belastungen minimieren.

13 Die Seilwinde hilft beim Rücken

Der Einsatz der Seilwinde bedeutet eine erhebliche Arbeitserleichterung. Sie kann als Wendehilfe, zum Rücken und zum fachgerechten Beseitigen eines Hängers verwendet werden. Bei der Arbeit mit der Winde gibt es aber einige Punkte zu beachten.

Folgende Merkmale zeichnen eine gute Seilwinde aus und beim Kauf sollten Sie darauf achten:

- Damit die Last auch bei Unterbrechung des Antriebes festgehalten wird, muss die Seilwinde über eine selbsttätig wirkende Bremseinrichtung verfügen.
- Durch eine Totmannschaltung stoppt die Winde, wenn der Schalthebel losgelassen wird.
- Abgesicherte Seileinläufe sorgen dafür, dass Hände oder Kleidungsstücke nicht hineingezogen werden können.
- Ein Schutzgitter schützt den Fahrer vor zurückschnellenden Seilen oder Ketten.
- Das Rückeschild sorgt für einen sicheren Stand beim Ziehen.

Abb. 316. Die Ausrüstung muss komplett und intakt sein.

Abb. 317. Flächiges Befahren führt zu unerwünschten Bodenverdichtungen. Also mit dem Seil, nicht mit der Winde zum Stamm gehen.

Abb. 318. Der Schlepper bleibt in der Rückegasse und wird mit der Bergstütze in Zugrichtung positioniert.

Abb. 319. Beim Herausziehen des Seils sollte dieses kräftesparend auf der Schulter aufliegen.

- Gegengewichte am Schlepper erschweren das Aufbäumen des Fahrzeuges und gleichen das Gewicht der Winde aus.

Wie bei vielen Geräten und Fahrzeugen müssen Sie auch Ihre Seilwinde einmal jährlich prüfen lassen. Diese Prüfung wird oft von der Kundendienstwerkstatt angeboten. Sie erstreckt sich im Wesentlichen auf die Vollständigkeit, Eignung und Wirksamkeit der Sicherheitseinrichtungen sowie auf den Zustand des Gerätes. Außerdem werden Tragmittel, Rollen, Ausrüstung und Tragekonstruktion kontrolliert. Auch Zug- und Bremskraft werden gemessen. Die Ergebnisse werden im Prüfbuch dokumentiert.

Unabhängig von der jährlichen Prüfung müssen Sie selbst regelmäßig das Drahtseil auf Beschädigungen kontrollieren. Das Drahtseil wird sehr stark beansprucht, einmal auf Zug und zum anderen beim Rücken (Bodenzug). Beim Rücken ist der Verschleiß im Endbereich des Drahtseils sehr hoch, weshalb es häufig gekürzt werden muss. Achten Sie auf Beschädigungen wie Draht- und Litzenbrüche, Aufdoldungen, Klanken sowie Quetschungen, denn diese Schäden können unter Spannung zu einem Seilriss führen. Wechseln Sie daher solche schadhaften Seile aus, bevor es zu einem Unfall kommt.

Überprüfen Sie auch vor Arbeitsbeginn sämtliche Sicherheitseinrichtungen am Trägerfahrzeug und an der Anbauseilwinde auf Funktion und einwandfreien Zustand. Wichtig ist auch das Mitführen von Warndreieck, Verbandskasten und einem Ölleckageset, um auslaufende Schmiermittel aufzufangen (Abb. 316).

Nachfolgend ein paar Tipps zum Rücken mit einer Anbauwinde:

Beim Rücken müssen Sie Ihre Schutzausrüstung tragen. Dazu gehören: Lederhandschuhe mit doppeltem Handinnenleder, Schutzhelm, eventuell in Verbindung mit Gehörschutz, sowie Sicherheitsschuhe mit Zehenschutzkappe und griffiger Sohle.

Für den Waldboden ist es wichtig, dass Sie mit Ihrem Schlepper nicht an jeden Stamm fahren, um diesen herauszurücken. Durch das Heranfahren an jeden Stamm hätten Sie nach der Holzernte eine flächige Befahrung und der Waldboden wäre auf der ganzen Fläche verdichtet (Abb. 317). Deshalb sollten

Abb. 320. Das Anhängen geschieht möglichst weit vorn am Stamm, platzieren Sie den Haken auf der Stammoberseite.

Abb. 321. Die Umlenkrolle zum Ablenken von Windenseilen hilft Ihnen, wenn Sie einen Stamm um Hindernisse herum rücken möchten.

Abb. 322. Im Gefahrenbereich, besonders im Seildreieck, darf sich keine Person aufhalten. Zur besseren Sichtbarkeit ist das Seil im Bild weiß nachgezeichnet.

Abb. 323. Der Stamm wird zur Seilwinde herangezogen.

Sie bei jeder Holzerntemaßnahme das Holz auf der gleichen Rückegasse, die mit Farbe gekennzeichnet sein sollte, herausrücken (Abb. 318).

Stellen Sie den Schlepper in Zugrichtung und stützen Sie ihn mit der Berg- beziehungsweise Tragbergstütze ab. Beim Herausziehen des Rückeseils sollte dies aus ergonomischen Gesichtspunkten auf der Schulter aufliegen (Abb. 319).

Befestigen Sie das Rückeseil am Stamm so weit vorne wie möglich. Achten Sie darauf, dass der Haken oben ist, damit er nicht durch den Boden gezogen wird. Außerdem erleichtert es das Öffnen. Wenn Sie das Rückeseil beim Anziehen festhalten müssen, bitte außerhalb des Gefahrenbereichs (Abb. 320).

Liegt der Stamm nicht direkt in Zugrichtung, weil sich ein Hindernis – beispielsweise ein Baum – dazwischen befindet, ist es hilfreich, eine Umlenkrolle einzusetzen. Dadurch können Sie Schäden am Bestand, Schlepper und an der Anbauseilwinde verhindern. Befestigen Sie die Umlenkrolle so, dass der Stamm in Fällrichtung nach vorne gezogen werden kann (Abb. 321). Es dürfen sich keine Personen im Gefahrenbereich des Seils und der Rückelast oder im Gefahrenwinkel der Umlenkrolle aufhalten. Umlenkrolle und Stropp müssen für die Seilwinde ausgelegt sein. Ziehen Sie jetzt den Stamm so weit nach vorne, bis er ohne Verletzungen an dem stehenden Baum vorbeikommt (Abb. 322). Nun hängen Sie das Rückeseil aus der Umlenkrolle aus und ziehen den Stamm zur Anbauseilwinde (Abb. 323). Beim Entspannen des Rückeseils sollten Sie nicht zu nahe an der Seilwinde stehen (Abb. 324), da die Unfallgefahr durch Herunterfallen oder seitliches Ausschlagen des Stammes sehr groß ist.

Achten Sie beim Herausziehen von kurzen Stammteilen darauf, dass Sie immer hinterher laufen, da diese bei Hindernissen schnell hoch- beziehungsweise auf die Seite ausschlagen (Abb. 325). Dagegen sollten Sie bei langen Stammteilen immer auf der Höhe des Anschlagpunktes mitlaufen (Abb. 326). Dabei wählt man seinen Standplatz immer in Abhängigkeit vom Gelände so, dass man bei unkontrollierter Lastbewegung und/oder durch bewegte Gegenstände nicht gefährdet wird. Schauen Sie dabei immer auf Schlepper und Stammteil, damit Sie Hindernisse rechtzeitig erkennen können und der Schlepper nicht umkippt.

Abb. 324 (oben). Halten Sei beim Entspannen des Seils Abstand!

Abb. 325 (rechts). Laufen Sie beim Herausziehen von Kurzholz immer hinter den zu rückenden Lasten.

Abb. 326. Bei längeren Stammteilen auf Höhe des Anschlagpunktes mitlaufen.

14 Der Holzpolter als Visitenkarte

Die Präsentation des Holzes entscheidet meistens mit über den Verkaufserfolg. Daher ist es wichtig, dass das Holz korrekt sortiert, kompakt und bündig gepoltert ist. Außerdem sollten die Polterplätze in einem ordentlichen Zustand und für die Abfuhr gut erreichbar sein.

Nach der Holzerntemaßnahme muss das aufgearbeitete Stammholz auf geeignete Lager- oder Polterplätze gerückt werden. Diese sollten möglichst trocken, befahrbar und ohne Bewuchs (Sträucher) sein. Lagern Sie Ihr Holz so, dass es gut vom Holzkäufer besichtigt und mit dem Lkw abgefahren werden kann. Je nach Hiebsmasse brauchen Sie ausreichend große und genügend Lager- beziehungsweise Polterplätze.

Beachten Sie beim Langholz, dass der Polterplatz eine ausreichende Länge aufweist und nicht in einem Kurvenbereich liegt. Kurzholz sollten Sie nicht zwischen zwei Bäumen poltern, damit die Randbäume beim Verladen nicht beschädigt werden (Abb. 327).

Wird das Holz maschinell entrindet, ist es wichtig, dass vor dem ersten zu entrindenden Polter in Arbeitsrichtung genügend Fläche frei ist, um dort das entrindete Holz abzulegen. Rechnen Sie zur Stammlänge noch 3,0 bis 4,0 m mehr Platz ein.

Abb. 327. Kurzholz nicht zwischen zwei Bäume poltern. Sie vermeiden damit Verladeschäden am stehenden Holz.

Abb. 328. Polterbäume können mit einem Brett geschützt (links) oder auf etwa 1,0 m Höhe abgesägt werden (rechts).

Legen Sie Ihre Lager- und Polterplätze nie unter Stromleitungen an. Bedenken Sie bei Lagerplätzen auf Wiesen oder Äcker, dass das Holz rechtzeitig vor dem Beginn der Feldarbeit im Frühjahr abgefahren werden muss. Ferner ist es wichtig, dass der Lager- oder Polterplatz nicht zu tief ist, da die Kranweite in der Regel etwa 9,0 m ab Fahrzeugmitte beträgt.

Bei der Anlage von Lager- und Polterplätzen dürfen Sie Gräben und Dolen nicht beschädigen oder deren Funktion beeinträchtigen. Um den dahinter liegenden Bestand zu schützen, empfiehlt es sich, die Polterbäume mit einem Brett zu schützen (Abb. 328, links) oder die Polterbäume auf etwa 1,0 m Höhe abzusägen (Abb. 328, rechts). Wählen Sie die Anlage der Lager- und Polterplätze so, dass sie mehrmals verwendet werden können.

Die gängigste Variante ist dabei, ein Sortiment auf einem Haufenpolter zu poltern. Auch die sogenannten Abrollpolter, die an abfallenden Böschungen oder Talseiten an Hangwegen angelegt werden, kommen in der Praxis häufig vor. Diese zwei Polterarten kommen mit wenig Platz aus und sind bei der Anlage kostengünstig.

Wenn Sie das Holz vom Bestand auf den Lager- beziehungsweise den Polterplatz auf einen Weg rücken, müssen Sie diesen absperren (Abb. 329). Es ist immer damit zu rechnen, dass ein Waldbesucher plötzlich im Arbeitsbereich der Maschine steht.

Abb. 329. Wege müssen entsprechend gesichert werden.

Abb. 330. Schonend poltern: Das Polterschild darf nicht in den Stammmantel gehen, sondern sollte darunter greifen. Letzteres verhindert eine Beschädigung des Stammmantels.

Abb. 331. Die Optik muss stimmen: Waldbart und nicht abgesägte Rindenteile (links) oder Astnägel (rechts) sind fehl am Platz.

Abb. 332. Mit Polterschild und Winde werden die Stämme sauber gestapelt.

Abb. 333. Haufenpolter: Der vorderste Stamm sollte mindestens 0,5 m neben dem Weg liegen.

Abb. 334. Feinschliff: Die Stämme werden bündig ausgerichtet.

Wenn Sie einen Stamm mit dem Polterschild vom Weg schieben, achten Sie darauf, dass das Polterschild nicht in den Stamm geht und diesen dabei beschädigt (Abb. 330).

Das Holz wird auf den vorbereiteten Lager- oder Polterplatz gezogen. Ein Querlager dient dazu, dass die ersten Stämme nicht direkt auf dem Boden aufliegen und Lagerschäden durch Bodenfeuchtigkeit entstehen. Das Stammholz sollte auch in einem optimalen Zustand auf dem Lager- oder Polterplatz liegen. Waldbart, nicht abgesägte Rindenteile (Abb. 331, links) oder nicht komplett entfernte Äste (Abb. 331, rechts) verschlechtern die Optik des Holzpolters und damit den Verkaufserfolg.

Mithilfe des Polterschildes und der Seilwinde können Sie jetzt den nächsten Stamm auf die erste Lage ohne Schäden hinaufheben (Abb. 332) und mit jedem weiteren neuen Stamm entsteht dann das sogenannte Haufenpolter (Abb. 333). Der vorderste Stamm eines Polters sollte dabei mindestens 0,5 m vom Waldweg entfernt liegen und der hinterste maximal 8,0 m. Wichtig ist, dass Sie die Holzpolter so anlegen, dass niemand durch wegrollende oder herabfallende Stämme gefährdet wird (Verkehrssicherungspflicht). Bevor Sie den nächsten Stamm auf dem Polter ablegen, sollten Sie darauf achten, dass die Stämme dickörtig oder dünnörtig ebengepoltert sind. Dies können Sie mit der Hilfe der Seilwinde oder dem Polterschild erreichen (Abb. 334).

Service

Motorsägenlehrgänge

Sie wollen einen Motorsägenlehrgang besuchen und wissen nicht, welche Anforderungen an Lehrgangsdauer und Lehrgangsinhalt gefordert werden?

Für den gewerblichen Bereich können Sie sich an die zuständige Berufsgenossenschaft wenden (zum Beispiel Landwirtschaftliche Berufsgenossenschaft, Gartenbau, Unfallkasse Deutschland, ...). Jede Berufsgenossenschaft hat andere Anforderungen an Dauer und Lehrgangsinhalt des Motorsägenlehrgangs.

Privatpersonen, die ihr Brennholz aufarbeiten wollen, sollten sich bei forstlichen Bildungseinrichtungen oder beim zuständigen Forstamt in ihrem Landkreis informieren. Diese Motorsägenlehrgänge werden dann von forstlichen Bildungseinrichtungen, Landwirtschaftlichen Berufsgenossenschaften und privaten Unternehmern angeboten und durchgeführt. Die erfolgreiche Teilnahme wird bescheinigt.

Wichtige Adressen

Unfallkasse Baden-Württemberg
Augsburger Straße 700
70324 Stuttgart
und
Waldhornplatz 1
76131 Karlsruhe
www.ukbw.de

Kuratorium für Waldarbeit und Forsttechnik e. V.
Spremberger Straße 1
64823 Groß-Umstadt
www.kwf-online.de

Sozialversicherung für Landwirtschaft, Forsten und Gartenbau (SVLFG)
Weißensteinstr. 70 – 72
34131 Kassel
www.svlfg.de

Forstliches Bildungszentrum Königsbronn
Stürzelweg 22
89551 Königsbronn
www.fbz-koenigsbronn.de

Landesbetrieb ForstBW
Abteilung 5
Kernerplatz 10
70182 Stuttgart
www.forstbw.de

Husqvarna Deutschland GmbH.
Hans-Lorenser-Straße 40
89079 Ulm
www.husqvarna.com

Aspen Produkte Handels GmbH
Beihinger Strasse 160
71726 Benningen
www.aspengmbh.de

Pfanner Schutzbekleidung GmbH
Herrschaftswiesen 11
A – 6842 Koblach
www.pfanner-austria.at

Andreas Stihl AG & Co. KG
Badstraße 115
71336 Waiblingen
www.stihl.de

3 M Deutschland GmbH
Safety Division Arbeitsschutz
Carl-Schurz-Str 1
41460 Neuss
http://3mdeutschland.de

Makita Werkzeug GmbH, Bereich Garten
Jenfelder Str. 38
22045 Hamburg
www.dolmar.de

Auswertungs- und Informationsdienst für Ernährung, Landwirtschaft und Forsten (aid) e. V.
Friedrich-Ebert-Str.3
53177 Bonn

Quellenverzeichnis

(verwendete und weiterführende Literatur)

Unfallkasse Deutschland
- Unfallverhütungsvorschriften und Regeln Waldarbeiten (DGUV Regel 114-018)
- Informationen
  Sichere Waldarbeiten (DGUV Information 214-046)
  Seilarbeit im Forstbetrieb (DGUV Information 214-060)
  Ausbildung für Arbeiten mit der Motorsäge und die Buchführung von Baumarbeiten (DGUV Information 214-059)

Sozialversicherung für Landwirtschaft, Forsten und Gartenbau
- Unfallverhütungsvorschrift Forsten VSG 4.3

Kuratorium für Waldarbeit und Forsttechnik e. V.
Die persönliche Schutzausrüstung des Waldarbeiters (Merkblatt Nr. 12/1999)

Forstliches Bildungszentrum Königsbronn
- Merkblätter und Unterrichtsunterlagen: Fälltechnik; Entastung Schneidetechniken und Arbeitstechniken in der Jungbestandspflege, Königsbronner Anschlagtechnik Brückenschnitt
- Infobroschüre Schutzausrüstung im Auftrag des Landesbetrieb ForstBW

Forstliches Ausbildungszentrum Mattenhof
- Merkblätter und Unterrichtsunterlagen für die Ausbildung, Fälltechnik, Entastung, Schneidetechniken und Arbeitstechniken in der Jungbestandspflege, Rückweiche und Rückweicheplatz

ForstBW (AÖR)
- Schulungsunterlagen für Fortbildungen (Motorsägenlehrgang)
- Infobroschüre Schutzausrüstung Forstliches Bildungszentrum Königsbronn im Auftrag des Landesbetrieb ForstBW
- Die forstlichen Bildungsstätten der Bundesrepublik Deutschland: Der Forstwirt.
  Verlag Eugen Ulmer KG, Stuttgart 2011

Andreas Stihl AG & Co. KG
- Betriebsanleitung und Schulungsunterlagen Motorsägen und Persönliche Schutzausrüstung

Husqvarna Deutschland GmbH
- Betriebsanleitung und Schulungsunterlagen Motorsägen und Persönliche Schutzausrüstung

Aspen Produkte Handels GmbH
- Schulungsunterlagen Alkylatbenzin

Pfanner Schutzbekleidung GmbH
- Schulungsunterlagen Persönliche Schutzausrüstung

3 M Deutschland GmbH
- Schulungsunterlagen Persönliche Schutzausrüstung

Dolmar
- Betriebsanleitung und Schulungsunterlagen Motorsägen

Rahmenvereinbarung für den Rohholzhandel in Deutschland (RVR)

Auswertungs- und Informationsdienst für Ernährung, Landwirtschaft und Forsten (aid) e. V., Bonn:
- **Holzernte CD Waldarbeit in Europa.** Bestell-Nr. 3789

Bildquellen

Fotos/Montagen Michael Neub, ausgenommen der unten aufgeführten Abbildungen.

Stihl: Abb. 50, 52, 54
Forstliches Bildungszentrum Königsbronn Zeichnungen in Abb. 159, 160, 162, 164, 165.

Sachregister

Impressum

Titelfoto: Michael Neub

Die in diesem Buch enthaltenen Empfehlungen und Angaben sind von den Autoren mit größter Sorgfalt zusammengestellt und geprüft worden. Eine Garantie für die Richtigkeit der Angaben kann aber nicht gegeben werden. Autoren und Verlag übernehmen keine Haftung für Schäden und Unfälle. Bitte setzen Sie bei der Anwendung der in diesem Buch enthaltenen Empfehlungen Ihr persönliches Urteilsvermögen ein.
Der Verlag Eugen Ulmer ist nicht verantwortlich für die Inhalte der im Buch genannten Websites.

Anmerkung zur Schreibweise (Gendering): Gendergerechtigkeit und Inklusion sind bei uns gelebte Praxis – bei der Auswahl unserer Themen, bei der Recherchearbeit, in der Gestaltung. Unsere Texte meinen alle. Damit unsere Inhalte jedoch gut lesbar bleiben, verzichten wir in diesem Werk auf die jeweilige Mehrfachnennung oder Anpassung der Schreibweise bestimmter Bezeichnungen an die weibliche, männliche oder diverse Form.

Bibliografische Information der Deutschen Nationalbibliothek
Die Deutsche Nationalbibliothek verzeichnet diese Publikation in der Deutschen Nationalbibliografie; detaillierte bibliografische Daten sind im Internet über http://dnb.d-nb.de abrufbar.

Wollgrasweg 41, 70599 Stuttgart (Hohenheim)
E-Mail: info@ulmer.de
Internet: www.ulmer.de
Projektleitung: Pia Fehrenbach
Herstellung: Stephanie Haun
Umschlaggestaltung: Verlag Eugen Ulmer
Satz: Fotosatz Buck, Kumhausen
Reproduktion: time:ray, Jettingen
Druck und Bindung: Firmengruppe Appl, aprinta Druck, Wemding

Printed in Germany

ISBN 978-3-8186-1650-2

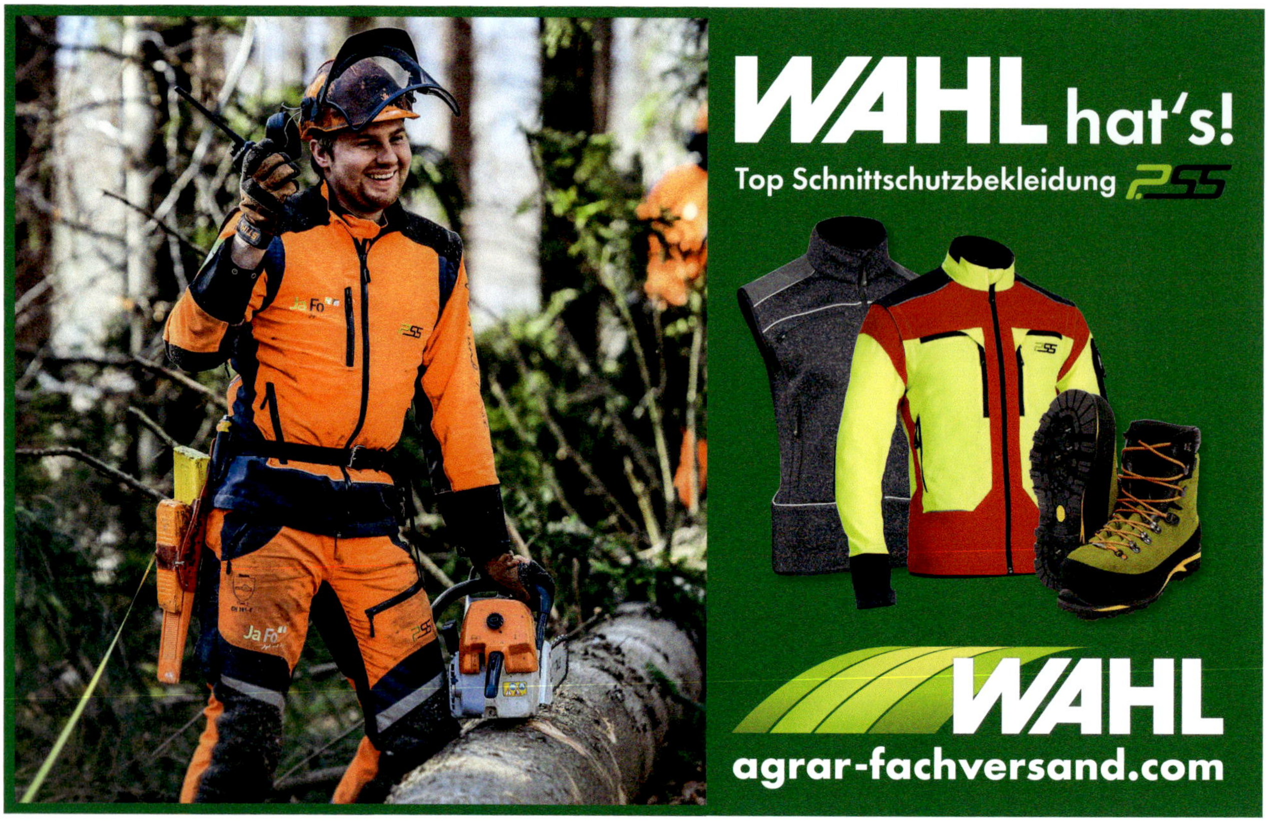
WAHL hat's!
Top Schnittschutzbekleidung
WAHL
agrar-fachversand.com

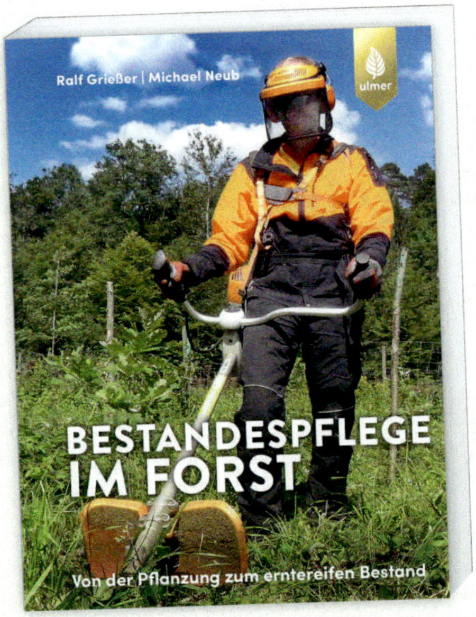